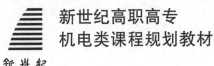

新世纪高职高专
机电类课程规划教材

AutoCAD 2014 （中文版）项目化教程

新世纪高职高专教材编审委员会 组编

主　编　李新德　黄　蓓　唐志祥

副主编　朱跃峰　黄俊峰　张志鹏

　　　　王冬梅　夏亚涛　刘玉莹

　　　　陈夫进

U0244303

大连理工大学出版社

图书在版编目(CIP)数据

AutoCAD 2014(中文版)项目化教程 / 李新德,黄蓓,唐志祥主编. —大连:大连理工大学出版社,2016.1(2022.4 重印)
新世纪高职高专机电类课程规划教材
ISBN 978-7-5685-0205-4

Ⅰ.①A… Ⅱ.①李… ②黄… ③唐… Ⅲ.①AutoCAD 软件－高等职业教育－教材 Ⅳ.①TP391.72

中国版本图书馆 CIP 数据核字(2015)第 290177 号

大连理工大学出版社出版
地址:大连市软件园路 80 号 邮政编码:116023
电话:0411-84708842 邮购:0411-84708943 传真:0411-84701466
E-mail:dutp@dutp.cn URL:http://dutp.dlut.edu.cn
大连永盛印业有限公司印刷 大连理工大学出版社发行

幅面尺寸:185mm×260mm 印张:18.5 字数:426 千字
2016 年 1 月第 1 版 2022 年 4 月第 7 次印刷

责任编辑:吴媛媛 责任校对:刘 慧
封面设计:张 莹

ISBN 978-7-5685-0205-4 定 价:45.00 元

前　言

　　《AutoCAD 2014（中文版）项目化教程》是新世纪高职高专教材编审委员会组编的机电类课程规划教材之一。

　　AutoCAD 是由美国 Autodesk 公司开发的计算机辅助设计软件，可用于二维绘图、设计文档和基本三维设计，是国际上广为流行的绘图工具。它适用于机械、建筑、园林等多个领域，尤其是在机械设计与机械制造领域，已经成为广大工程技术人员的必备工具之一。本教材结合机械制图及 CAD 绘图标准，主要介绍了使用 AutoCAD 2014（中文版）进行机械绘图的流程、方法和技巧。

　　本教材具有以下特点：

　　1. 较好的适用性。所有绘图任务均选择"AutoCAD 经典"工作空间进行讲解，适合 AutoCAD 2006 及以上版本软件的学习。

　　2. 经典的任务案例。本教材采用项目化的教学方式，将所学的内容分为十一个单元，每个单元均通过"学习目标"告诉读者将要学习的总体内容，这些总体内容被分为不同的项目，每个项目又分解为具体的任务。通过任务的一个个完成，读者可一步步地了解并掌握 AutoCAD 2014。

　　3. 规范机械绘图。本教材严格按照国家机械制图及 CAD 绘图标准规范绘图。在介绍 AutoCAD 2014 软件的使用方法时，注重结合机械制图和设计的专业知识，使读者在掌握软件操作的同时，学习和巩固机械制图的专业知识。

　　4. 大量的技能训练。每一个项目结束后在单元训练里都有对应的练习题，题量大且针对性强，能充分满足读者学习的需要，帮助其进一步熟练掌握 AutoCAD 的操作技能，达到巩固知识的目的。

　　本教材由商丘职业技术学院李新德、黄蓓和河南职业技术学院唐志祥任主编，开封大学朱跃峰、咸宁职业技术学院黄俊峰及商丘职业技术学院张志鹏、王冬梅、夏亚涛、刘玉莹和永城职业学院陈夫进任副主编。全书由李新德负责统稿和定稿。

在编写本教材的过程中,编者参考、引用和改编了国内外出版物中的相关资料以及网络资源,在此表示深深的谢意!相关著作权人看到本教材后,请与我社联系,我社将按照相关法律的规定支付稿酬。

由于时间仓促,书中仍可能存在不足和疏漏之处,恳请使用本教材的广大读者批评指正,并将建议和意见及时反馈给我们,以便修订时完善。

编　者

2016 年 1 月

所有意见和建议请发往:dutpgz@163.com

欢迎访问职教数字化服务平台:http://sve.dutpbook.com

联系电话:0411-84706676　84707424

目 录

第一单元

AutoCAD 2014入门

学习目标

要使用 AutoCAD 2014 中文版进行机械制图,首先需要了解 AutoCAD 2014 中文版这款软件。本单元主要介绍了 AutoCAD 2014 中文版总体概况以及如何管理图形文件、图形显示控制方面的知识,这将为后续的学习打下基础。

项目一　总体介绍

项目目标

AutoCAD 2014 中文版具有强大的绘图功能和友好的用户界面,本项目的目标是:熟悉 AutoCAD 2014 中文版的用户界面、菜单及对话框,了解 AutoCAD 2014 中文版新增的功能。

知识点

(1)AutoCAD 2014 的用户界面。
(2)AutoCAD 2014 菜单及对话框。

任务一　用户界面

1. 启动

在默认的情况下,成功地安装 AutoCAD 2014 中文版以后,在桌面上会产生一个 AutoCAD 2014 中文版快捷图标,并且在程序组里边也产生一个 AutoCAD 2014 中文版的程序组。与其他基于 Windows 系统的应用程序一样,我们可以通过双击 AutoCAD 2014 中文版快捷图标或从程序组中选择 AutoCAD 2014 中文版来启动 AutoCAD 2014 中文版。

2. AutoCAD 2014 的二维界面

启动 AutoCAD 2014 中文版以后,它的操作界面如图 1-1 所示。与其他的 Windows 应用程序相似,该界面主要由标题栏、菜单栏、功能区、绘图区、命令行窗口和状态栏等组成。如果是第一次启动 AutoCAD 2014 中文版,界面可能与此稍有不同,但结构是一样的。

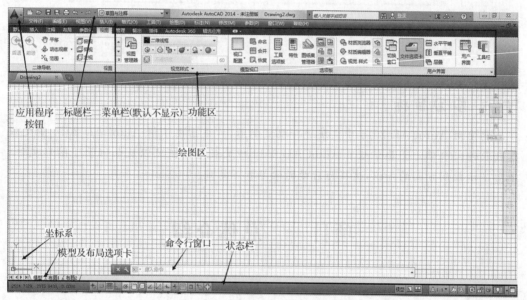

图 1-1　AutoCAD 2014 中文版操作界面

图 1-1 所示界面是继 AutoCAD 2009 之后出现的新界面风格,为了便于学习和使用过 AutoCAD 2014 之前版本的读者学习本书,我们采用 AutoCAD 经典风格的界面介绍。具体的转换方法是:单击界面右下角的"切换工作空间"按钮,在弹出的菜单中选择[AutoCAD 经典]选项,如图 1-2 所示,系统转换到 AutoCAD 经典操作界面,如图 1-3 所示。

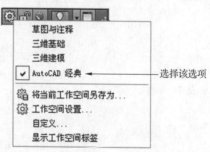

图 1-2　转换为 AutoCAD 经典操作界面

　　一个完整的 AutoCAD 经典操作界面包括标题栏、菜单栏、工具栏、绘图区、坐标系图标、十字光标、命令行窗口、状态栏、布局标签和滚动条等。

　　(1)标题栏

　　在 AutoCAD 2014 中文版操作界面最上端的是标题栏。在标题栏中,显示了系统当前正在运行的应用程序(AutoCAD 2014 标记和用户正在使用的图形文件)。用户第一次启动 AutoCAD 时,在 AutoCAD 2014 操作界面的标题栏中,将显示 AutoCAD 2014 在启动时创建并打开的图形文件的名称 Drawing1.dwg,如图 1-4 所示。

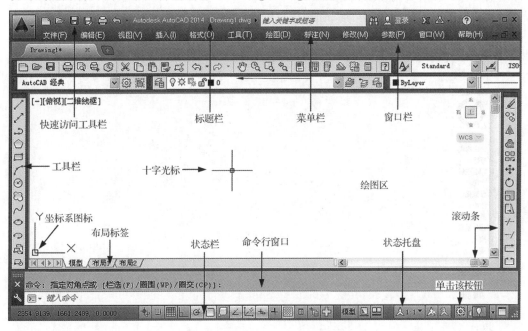

图 1-3　AutoCAD 2014 中文版的经典操作界面

标题栏

图 1-4　第一次启动 AutoCAD 2014 时的标题栏

　　(2)菜单栏

　　AutoCAD 2014 的菜单栏主要由"文件""编辑""视图"等菜单组成,它们几乎包括了 AutoCAD 中全部的功能和命令。默认的情况下有 12 个菜单项,它有 4 种类型:

　　①普通菜单:单击该菜单中的某一选项将直接执行相应的命令;

　　②级联菜单:菜单选项的后面有向右的黑三角的即为该类型,鼠标在此菜单选项上时将弹出下一级菜单;

　　③对话框:菜单选项的后面有省略号的即为该类型,单击该菜单选项将弹出一个对话框;

　　④开关:单击该菜单选项时表示此菜单选项被选中或取消选中。

（3）工具栏

用户除了利用菜单执行命令以外，还可以使用工具栏来执行命令。默认的情况下AutoCAD 2014预先设置了6个工具栏，它们分别是：标准工具栏、特性工具栏、图层工具栏、绘图工具栏、修改工具栏、样式工具栏。

将光标放在任一工具栏的非标题区，单击鼠标右键，系统会自动打开单独的工具栏标签，如图1-5所示。用鼠标左键单击某一个未在界面显示的工具栏名，系统自动在界面打开该工具栏；反之，关闭该工具栏。

工具栏可以在绘图区"浮动"，如图1-6所示，并可关闭该工具栏，用鼠标可以拖动"浮动"工具栏到图形区边界，使它变为"固定"工具栏。也可以把"固定"工具栏拖出，使它成为"浮动"工具栏。

图1-5　工具栏标签

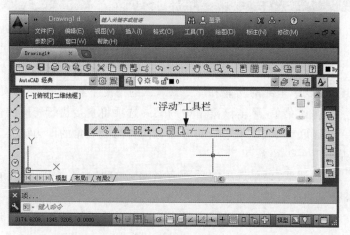

图1-6　"浮动"工具栏

①标准工具栏

标准工具栏如图 1-7 所示,该工具栏用于图形管理、图形打印、对象剪切/复制/粘贴、命令撤销/重做及控制图形显示等操作。

图 1-7 标准工具栏

标准工具栏中各按钮的功能和对应的下拉菜单命令见表 1-1。

表 1-1 标准工具栏中各按钮的功能和对应的下拉菜单命令

按钮	功能	下拉菜单命令
	创建新的图形文件	文件/新建
	打开已有的图形文件	文件/打开
	保存当前图形文件	文件/保存
	打印输出图形	文件/打印
	预览打印效果	文件/打印预览
	将图形发布到 DWF 文件或绘图仪	文件/发布
	输出三维 DWF 文件	文件/输出
	复制到剪切板并删除源对象	编辑/剪切
	复制到剪切板	编辑/复制
	从剪切板粘贴	编辑/粘贴
	将对象的特性应用于其他特性	修改/特性匹配
	打开"编辑块定义"对话框,对块进行动态编辑	工具/块编辑器
	放弃上一次操作	编辑/放弃
	恢复放弃的操作	编辑/恢复
	在当前视口中移动图形	视图/平移
	实时缩放图形	视图/缩放/实时
	在指定的矩形区域缩放显示图形	视图/缩放/窗口
	显示上一个视图	视图/缩放/上一个
	控制现有对象的特性	修改/特性
	打开设计中心,管理块、外部参照等资源	工具/设计中心
	打开"工具选项板"窗口	工具/工具选项板窗口
	打开"图纸集管理器"窗口	工具/图纸集管理器
	打开"标记集管理器"窗口	工具/标记集管理器
	打开"快速计算器"窗口	工具/快速计算器
	显示联机帮助	帮助/帮助

②特性工具栏

特性工具栏如图 1-8 所示,该工具栏用于控制和显示当前图层中所有对象的颜色、线型和线宽。一般情况下不要在特性工具栏中改变对象的特性,以免引起混乱。

图 1-8　特性工具栏

特性工具栏中各按钮的功能见表 1-2。

表 1-2　　　　　　　特性工具栏中各按钮的功能

按　钮	功　能
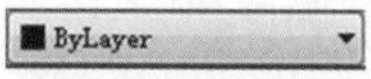 ■ByLayer ▼	控制和显示当前图层中对象的颜色
 ——— ByLayer ▼	控制和显示当前图层中对象的线型
 ——— ByLayer ▼	控制和显示当前图层中对象的线宽
 ByColor ▼	打印样式

③图层工具栏

图层工具栏如图 1-9 所示,该工具栏用于创建图层和管理图层,为图形对象设置不同的图层是 AutoCAD 组织图形的有效手段。

图 1-9　图层工具栏

图层工具栏中各按钮的功能和对应的下拉菜单命令见表 1-3。

表 1-3　　　　　　图层工具栏中各按钮的功能和对应的下拉菜单命令

按　钮	功　能	下拉菜单命令
鉗	打开"图层特性管理器"对话框,用于创建和管理图层	格式/图层
 ♀☼㏄⚿■0 ▼	将图层设置为当前层,打开/关闭、解冻/冻结、锁定/解锁图层	
☸	将对象的图层置为当前层	格式/图层工具/将对象的图层置为当前层
☝	将上一个图层置为当前层	格式/图层工具/上一个图层
鉗	打开"图层状态管理器"	格式/图层状态管理器

④绘图工具栏

绘图工具栏如图 1-10 所示,该工具栏用于绘制平面图形、创建和插入块、创建面域以及输入多行文字。

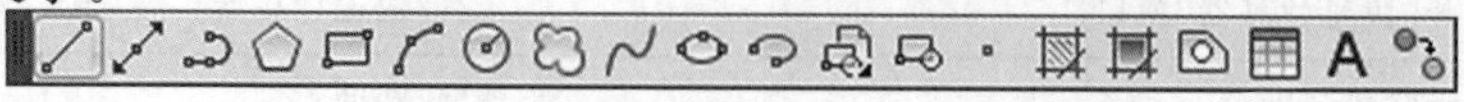

图 1-10　绘图工具栏

绘图工具栏中各按钮的功能和对应的下拉菜单命令见表 1-4。

表 1-4 绘图工具栏中各按钮的功能和对应的下拉菜单命令

按钮	功能	下拉菜单命令
	绘制直线	绘图/直线
	绘制构造线	绘图/构造线
	绘制多段线	绘图/多段线
	绘制正多边形	绘图/正多边形
	绘制矩形	绘图/矩形
	绘制圆弧	绘图/圆弧
	绘制圆	绘图/圆
	绘制云线	绘图/修订云线
	绘制样条曲线	绘图/样条曲线
	绘制椭圆	绘图/椭圆/轴、端点
	绘制椭圆弧	绘图/椭圆/圆弧
	插入块或特性文件	插入/块
	创建块	绘图/块
	绘制点	绘图/点
	创建图案填充	绘图/图案填充
	创建渐变色填充	绘图/渐变色
	创建面域	绘图/面域
	绘制表格	绘图/表格
A	输入多行文字	绘图/文字/多行文字
	添加选定对象	

⑤修改工具栏

修改工具栏如图 1-11 所示，该工具栏用于对已经绘制的图形进行编辑和修改，从而生成更加复杂的图形。

图 1-11 修改工具栏

修改工具栏中各按钮的功能和对应的下拉菜单命令见表 1-5。

表 1-5   修改工具栏中各按钮的功能和对应的下拉菜单命令

按钮	功能	下拉菜单命令
	删除对象	修改/删除
	复制对象	修改/复制
	对称复制对象	修改/镜像
	创建同心圆、平行线等对象	修改/偏移
	矩形或环形复制对象	修改/阵列
	移动对象	修改/移动
	绕指定点旋转对象	修改/旋转
	按比例缩放对象	修改/缩放
	拉伸对象	修改/拉伸
	以指定对象为边界修剪对象	修改/修剪
	以指定对象为边界延伸对象	修改/延伸
	用指定点将对象分为两个对象	
	在两点之间打断选定对象	修改/打断
	将对象合并以形成一个对象	修改/合并
	给对象加倒角	修改/倒角
	给对象加圆角	修改/圆角
	用光滑的样条曲线连接两条曲线的端点	修改/光顺曲线
	将组合对象分解	修改/分解

⑥样式工具栏

样式工具栏如图 1-12 所示,该工具栏用于设置文字样式、标注样式和表格样式,切换不同的文字样式、标注样式和表格样式。

图 1-12   样式工具栏

样式工具栏中各按钮的功能和对应的下拉菜单命令见表 1-6。

表 1-6 样式工具栏中各按钮的功能和对应的下拉菜单命令

按钮	功能	下拉菜单命令
A	设置文字样式	格式/文字样式
Standard ▼	切换文字样式	
（图标）	设置标注样式	格式/标注样式
ISO-25 ▼	切换标注样式	
（图标）	设置表格样式	格式/表格样式
Standard ▼	切换表格样式	
（图标）	设置多重引线样式	格式/多重引线样式
Standard ▼	切换多重引线样式	

⑦对象捕捉工具栏

对象捕捉工具栏如图 1-13 所示,该工具栏用于在无法或没有必要确定点的坐标的情况下准确地指定点的位置。

图 1-13 对象捕捉工具栏

对象捕捉工具栏中各按钮的功能见表 1-7

表 1-7 对象捕捉工具栏中各按钮的功能

按钮	功能	按钮	功能
	从临时捕捉的点出发进行横向或纵向追踪		以捕捉到的基点为参照,确定点的位置
	捕捉对象的端点		捕捉对象的中点
	捕捉对象的交点		捕捉对象外观的交点
	捕捉对象延长线上的点		捕捉圆或圆弧的圆心、椭圆或椭圆弧的中心
	捕捉圆、圆弧、椭圆和椭圆弧的象限点		捕捉对象的切点
	捕捉对象的垂足		在对象的平行线上捕捉点
	捕捉块、文字对象的插入点		捕捉对象的节点
	捕捉对象上的最近点		取消对象捕捉模式
	设置对象捕捉模式		

⑧缩放工具栏

缩放工具栏如图 1-14 所示，该工具栏用于控制图形的显示，即通过改变图形在屏幕上显示的大小，以便于图形的绘制或编辑。

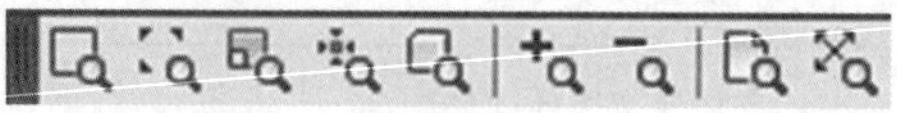

图 1-14　缩放工具栏

缩放工具栏中各按钮的功能对应的是启动 ZOOM 命令后的选项，它们的功能见表 1-8。

表 1-8　　　　　　　　　缩放工具栏中各按钮的功能

按钮	功能	按钮	功能
	以矩形窗口缩放显示		动态显示图形
	按比例缩放显示图形		以指定点为中心，按比例或高度缩放图形
	将选中的对象全屏显示		放大两倍显示视图
	缩小一半显示视图		全屏显示绘图界限内的所有对象
	显示图形的范围（即将图形全屏显示）		

⑨文字工具栏

文字工具栏如图 1-15 所示，该工具栏用于设置文字的样式、输入单行文字和多行文字、对文字进行编辑等操作。

图 1-15　文字工具栏

文字工具栏中各按钮的功能和对应的下拉菜单命令见表 1-9。

表 1-9　　　　　　　文字工具栏中各按钮的功能和对应的下拉菜单命令

按钮	功能	下拉菜单命令
A	输入多行文字	绘图/文字/多行文字
A	输入单行文字	绘图/文字/单行文字
A	编辑文字	修改/对象/文字/编辑
	查找或替代文字	
ABC	拼写检查	
A	设置文字样式	格式/文字样式
	按高度或比例缩放文字	修改/对象/文字/比例
A	改变选定文字对象的对齐点而不改变其位置	修改/对象/文字/对正
	在模型空间和图纸空间之间转换长度值	

⑩标注工具栏

标注工具栏如图 1-16 所示,该工具栏用于设置和管理尺寸样式、标注各种尺寸及对尺寸进行编辑。

图 1-16 标注工具栏

标注工具栏中各按钮的功能和对应的下拉菜单命令见表 1-10。

表 1-10 标注工具栏中各按钮的功能和对应的下拉菜单命令

按钮	功能	下拉菜单命令
	创建线性标注	标注/线性
	创建对齐标注	标注/对齐
	创建弧长标注	标注/弧长
	创建坐标标注	标注/坐标
	创建半径标注	标注/半径
	创建折弯半径标注	标注/折弯
	创建直径标注	标注/直径
	创建角度标注	标注/角度
	创建快速标注	标注/快速标注
	创建基线标注	标注/基线
	创建连续标注	标注/连续
	设置标注间距	标注/标注间距
	创建折断标注	标注/标注打断
	创建公差标注	标注/公差
	标注圆心标记	标注/圆心标记
	检验标注	标注/检验
	创建折弯线性标注	标注/折弯线性
	编辑标注	
	编辑标注文字	标注/对齐文字
	更新标注样式	标注/更新
ISO-25	切换当前标注样式	
	设置标注样式	格式/标注样式

⑪工作空间工具栏

工作空间工具栏如图 1-17 所示,该工具栏用于保存和切换工作空间。

图 1-17　工作空间工具栏

工作空间工具栏中各按钮的功能见表 1-11。

表 1-11　　　　　　　　工作空间工具栏中各按钮的功能

按钮	功能
 AutoCAD 经典 ▼	保存和切换工作空间
⚙	控制工作空间的显示、菜单顺序和保存设置
🖵	切换到 AutoCAD 默认的工作空间

🔔注意

● 将鼠标放在工具栏上的某一个按钮上面时,将弹出该按钮的名称。

● AutoCAD 2014 的工具栏采用浮动方式,因此,其位置可以根据实际情况在屏幕上放置。移动方法与 Windows 操作相同,在此不再介绍。如果操作界面中已显示一些工具栏,若要显示其他工具栏,可将鼠标移至任一工具栏上的任一位置,然后单击鼠标右键,在弹出的快捷菜单中选择要调出的工具栏即可,对已打开的工具栏,系统在其名称前用"√"进行标识。

(4)绘图区

AutoCAD 界面的空白区域为绘图区,图形的绘制、编辑都是在这个区域中完成的。这个区域还显示用户当前使用的坐标系的图标,表示该坐标系的类型、原点及 X 轴、Y 轴、Z 轴的方向。在最底部有模型/布局选项卡,它用于模型空间与布局(图纸)空间之间的切换。

(5)文本窗口与命令行窗口

命令行窗口位于绘图区的底部,用于输入系统命令或显示命令提示信息。用户在功能区、菜单栏或工具栏中选择某个命令时,也会在命令行窗口中显示提示信息,如果用户觉得命令行窗口显示的信息太少,可以根据自己的需要通过拖动命令行窗口与绘图区之间的分隔边框来改变命令行窗口的大小。

文本窗口用于显示命令行窗口中的各种信息,也包括出错信息。按 F2 键可以快速地打开文本窗口。

(6)状态栏

状态栏位于命令行窗口的下方,即屏幕的底部,如图 1-18 所示。状态栏用来显示 AutoCAD 当前的状态,如当前光标的坐标、命令和按钮的说明等。

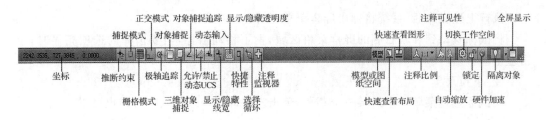

图 1-18　状态栏

3. AutoCAD 2014 的三维建模界面

在 AutoCAD 2014 中,在快速访问工具栏的"工作空间"的下拉列表中选择[三维建模]选项,或右击状态栏的"切换工作空间"按钮,在弹出的快捷菜单中选择[三维建模]选项,或是单击菜单栏[工具]→[工作空间]→[三维建模]选项,都可以快速切换到三维建模界面,如图 1-19 所示。

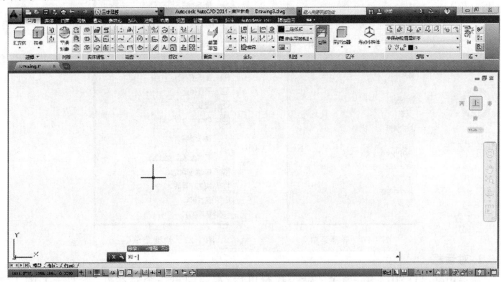

图 1-19　三维建模界面

任务二　菜单及对话框简介

AutoCAD 2014 提供了多种输入方法,如菜单、工具栏等。绘图时常要同时使用键盘和鼠标来进行输入。键盘通常用来输入命令和参数,工具栏中的命令通常用鼠标来操作。

1. 菜单

(1)屏幕菜单

有些用户习惯使用 AutoCAD 里面的屏幕菜单,但在高版本 AutoCAD 中默认的情况下屏幕菜单是不显示的,如果想让它显示的话,可采取如下方法:

命令:**REDEFINE** ↙

命令:**SCREENMENU** ↙

输入 SCREENMENU 的新值<0>:**1** ↙

执行上述操作后,系统将弹出屏幕菜单,如图 1-20 所示。

将鼠标移动到屏幕右侧的屏幕菜单区域,上下移动鼠标,当要选择的选项亮显时,单击左键即可。

(2)下拉菜单

用鼠标选择菜单栏中的某一个菜单,单击左键即可。或用快捷方式也可以。

(3)快捷菜单

在绘图、编辑或不做任何工作时在绘图区单击鼠标右键,将弹出与所使用命令有关的快捷菜单,如图 1-21 所示。

图 1-20　屏幕菜单

图 1-21　快捷菜单(一)

2. 对话框

在 AutoCAD 2014 中,很多的命令执行以后,都会弹出一个对话框,类似于如图 1-22 所示。而对话框的操作与其他的 Windows 应用程序非常相似,故在此不再描述。

图 1-22　"图形单位"对话框

项目二 管理图形文件

项 目 目 标

AutoCAD 2014 中文版具有强大的管理图形文件功能,本项目的目标是:掌握文件的基本操作,即如何创建新图形文件、以何种文件的格式保存图形文件以及如何打开、关闭保存的图形文件。

知 识 点

(1)文件的新建。
(2)文件的打开。
(3)文件的保存。
(4)文件的关闭。
(5)文件的检查、修复。

任务一 文件的新建

选择[文件]→[新建]命令(NEW),或在标准工具栏中单击"新建"按钮 ,此时将打开"选择样板"对话框,如图 1-23 所示。在该对话框中选择某一样板文件,之后单击"打开"按钮,可以以选中的样板文件为样板创建新图形文件。

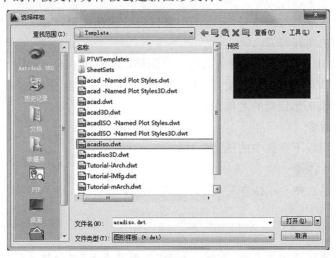

图 1-23 "选择样板"对话框

任务二   文件的打开

选择[文件]→[打开]命令(OPEN),或在标准工具栏中单击"打开"按钮 ,此时将打开"选择文件"对话框,如图 1-24 所示。在该对话框中选择已有的图形文件,之后单击"打开"按钮打开图形文件。

图 1-24   "选择文件"对话框

任务三   文件的保存

完成了图形的绘制与修改后,应对图形文件进行保存。用户在工作时,应养成每隔一段时间进行保存的良好习惯。

在 AutoCAD 中,可以使用多种方式将所绘图形以文件形式存入磁盘。例如,可以选择"保存"命令(QSAVE),以当前使用的文件名保存图形;也可以选择"另存为"命令(SAVEAS),将当前图形以新的名称保存。

1. 调用保存命令

用户可以使用以下方法中的任意一种:

● 标准工具栏: 。
● 下拉菜单:[文件]→[保存]。
● 命令:QSAVE。

注意

如果是第一次保存图形文件,系统将打开"图形另存为"对话框。

2. 调用另存为命令

用户可以使用以下方法中的任意一种：

● 下拉菜单：[文件]→[另存为]。

● 命令：SAVE↙ 或 SAVEAS↙。

执行上述操作后将弹出如图 1-25 所示的"图形另存为"对话框，在此对话框中执行相应的操作。

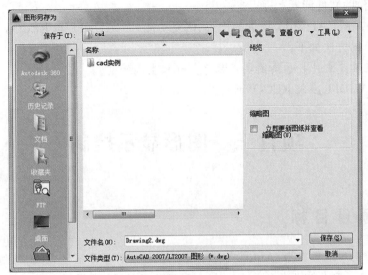

图 1-25 "图形另存为"对话框

⚡ **注意**

SAVE 与 SAVEAS 是有区别的。SAVE 执行以后，原来的文件仍为当前文件，而 SAVEAS 执行以后，另存的文件变为当前文件。

任务四 文件的关闭

选择[文件]→[关闭]命令（CLOSE），或在绘图窗口中单击"关闭"按钮，可以关闭当前图形文件。

若用户想退出 AutoCAD，可通过如下几种方式：

● AutoCAD 主窗口：右上角的 ✕ 按钮。

● 下拉菜单：[文件]→[退出]。

● 命令：QUIT（或 EXIT）↙。

如果在退出 AutoCAD 时，当前的图形文件没有被保存，则系统将弹出"保存提示"对话框，提示用户在退出 AutoCAD 前保存或放弃对图形所做的修改，如图 1-26 所示。

图 1-26 "保存提示"对话框

任务五   文件的检查、修复

因为某些原因,可能出现保存的文件出错的情况,这时候,可以用以下的方法来加以解决:

(1)将备份的文件调入;

(2)使用 AutoCAD 2014 提供的检查、修复功能——AUDIT 与 RECOVER。

调用命令的方法如下:

● 下拉菜单:[文件]→[绘图实用程序]→[核查或修复]。

● 命令:AUDIT ✓ 或 RECOVER ✓。

项目三   图形显示控制

项目目标

为便于绘制和观察图形,AutoCAD 2014 提供了多种图形显示方式,只对图形的显示起作用,不改变图形的实际位置和尺寸。本项目的目标是:掌握图形显示的方法,以方便观察和绘制图形。

知识点

(1)视图缩放。

(2)移动图形。

(3)重画与重生成图形。

(4)几个与显示控制有关的系统参数。

任务一   视图缩放

我们把按照一定的比例、观察角度与位置显示的图形称之为视图。作为专业的绘图软件,AutoCAD 2014 提供 ZOOM 缩放命令来完成此功能。该命令可以对视图进行放大或缩小,而对图形的实际尺寸不产生任何影响。放大时,就像手里拿着放大镜;缩小时,就像站在高处俯视,对设计人员是很有用的。

我们可以使用以下方法中的任何一种方法来激活此功能:

(1)选择下拉菜单中的[视图]→[缩放]命令,如图 1-27 所示。

（2）在命令行窗口中输入 ZOOM ↙或 Z ↙。

（3）绘图时，单击鼠标右键，在弹出的如图 1-28 所示的快捷菜单中选择[缩放]命令。

（4）使用缩放工具栏，在缩放工具栏中选择具体的缩放方式。

（5）在草图与注释模式下，在功能区的"视图"选项卡中单击 范围· 按钮后面的小箭头，弹出缩放工具栏，如图 1-29 所示，从中进行选择。

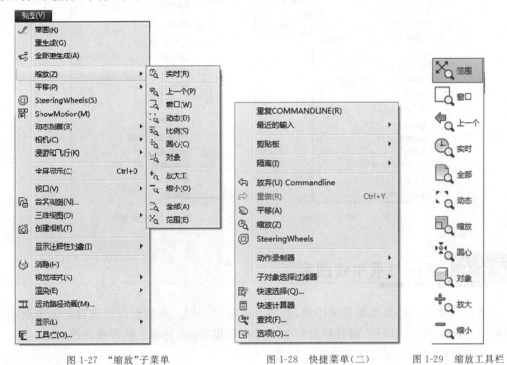

图 1-27 "缩放"子菜单   图 1-28 快捷菜单（二）   图 1-29 缩放工具栏

任务二 移动图形

此命令用于移动视图，而不对视图进行缩放。我们可以使用以下方法中的任何一种方法来激活此功能：

● 标准工具栏 。

● 下拉菜单：[视图]→[平移]，如图 1-30 所示。

● 命令：PAN ↙。

● 快捷菜单：绘图时，单击鼠标右键，将出现如图 1-31 所示的快捷菜单，选择[平移]命令。

平移分为两种：实时平移与定点平移。

● 实时平移——光标变成手形，此时按住鼠标左键移动，即可实现实时平移。

● 定点平移——用户输入两个点，视图按照两点直线方向移动。

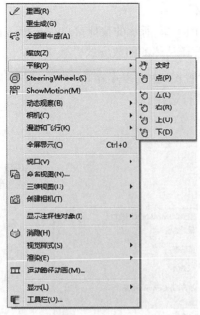

图 1-30 "平移"子菜单　　　　　　　图 1-31 快捷菜单(三)

任务三　重画与重生成图形

重画与重生成都是重新显示图形,但两者的本质不同。重画仅仅是重新显示图形,而重生成不但重新显示图形,而且将重新生成图形数据,速度上较之前者稍微慢点。

我们可以使用以下方法来激活此功能:

1.重画
- 下拉菜单:[视图]→[重画]。
- 命令:REDRAW↙。

2.重生成
- 下拉菜单:[视图]→[重生成]。
- 命令:REGEN↙。

任务四　几个与显示控制有关的系统参数

1.多线、多段线、实体填充:fill[on|off]

(1)开(on):打开"填充"模式;

(2)关闭(off):关闭"填充"模式。仅显示并打印对象的轮廓。重生成图形后,修改"填充"模式将影响现有对象。"填充"模式设置不影响线宽的显示。

2.线宽:lwdisplay[on|off]

该参数控制是否显示线宽。设置随每个选项卡保存在图形中。也可以通过单击状态栏上的"线宽"按钮来控制。

（1）开（on）：显示线宽；

（2）关闭（off）：不显示线宽。

3.文字快速显示：qtext[on∣off]

如果打开了 QTEXT（快速文字）模式，则 AutoCAD 将每一个文字和属性对象都显示为文字对象周围的边框，而不再显示具体的文字。如果图形包含有大量文字对象，打开 QTEXT 模式可减少 AutoCAD 重画和重生成图形的时间。

（1）开（on）：显示边框；

（2）关闭（off）：显示文字。

单元训练

1.由给定的坐标位置按顺序绘制图 1-32～图 1-35 所示图形。

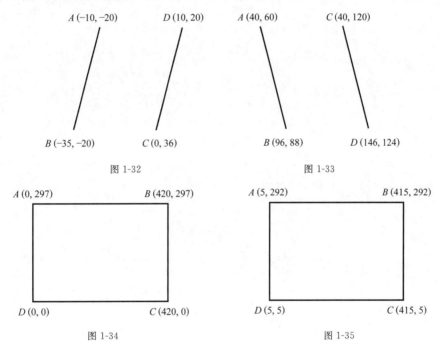

图 1-32　　　　　　图 1-33

图 1-34　　　　　　图 1-35

2.根据给定的坐标或尺寸位置按顺序绘制图 1-36～图 1-39 所示图形。

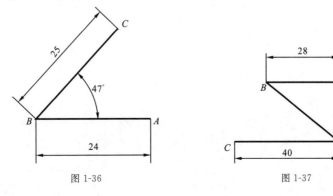

图 1-36　　　　　　图 1-37

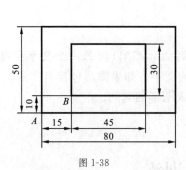

图 1-38

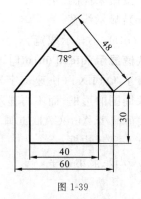

图 1-39

第二单元

绘图准备工作

 学习目标

本单元主要介绍 AutoCAD 2014 的基础知识和基本操作方法、坐标系统、点的坐标表示法以及绘图环境和系统参数的设置等内容。通过本单元的学习,使学生掌握命令的输入方式、对象捕捉和实体的选择方法,能够绘制简单的图形。

项目一　设置绘图环境

 项目目标

在 AutoCAD 2014 中,设置合理、方便的绘图环境,会为后续的绘图提供一个便捷的绘图环境。因此本项目的目标是:掌握设置绘图环境的方式及文件路径、显示性能、文件打开与保存方式、打印选项、系统参数、用户系统配置、捕捉、追踪功能,选择集模式、配置文件等基本设置操作。

 知识点

(1)设置文件路径。
(2)设置显示性能。
(3)设置文件打开与保存方式。
(4)设置打印选项。
(5)设置系统参数。

通常情况下,用户安装 AutoCAD 2014 后就可以在默认状态下绘制图形。但由于计算机所用外部设备不同,或有提高绘图效率等特殊要求,有时需要对绘图环境及系统参数做必要的设置。

用户可以利用"选项"对话框,非常方便地设置系统参数选项。键入 OPTIONS 命令或选择[工具]→[选项]命令,打开"选项"对话框,如图 2-1 所示。该对话框包括"文件""显示""打开和保存""打印和发布""系统""用户系统配置""绘图""三维建模""选择集""配置"和"联机"11 个选项卡。

图 2-1　"选项"对话框

1.设置文件路径

"文件"选项卡用于设置 AutoCAD 支持文件(包括字体文件、菜单文件、线型和图案文件等)、设备驱动程序、临时文件及其他相关类型文件的搜索路径。该选项卡的功能主要通过"浏览""添加""删除""上移""下移"和"置为当前"6 个功能按钮实现。

2.设置显示性能

"显示"选项卡设置包括"窗口元素""显示精度""布局元素""显示性能""十字光标大小"和"淡入度控制"6 个选项组。

(1)"窗口元素"选项组用于设置是否显示绘图区的滚动条和绘图区的屏幕菜单、绘图区的背景颜色和命令行窗口中的字体样式。

(2)"显示精度"选项组用于设置实体的显示精度,如圆和圆弧的平滑度、渲染对象的平滑度等。显示精度越高,对象越光滑,但生成图形时所需时间也越长。

(3)"布局元素"选项组用于设置在图纸空间打印图形时的打印格式。

(4)"显示性能"选项组用于设置光栅图像显示方式、多段线的填充及控制三维实体的轮廓曲线是否以线框形式显示等。

该选项卡还可设置绘图区十字光标的大小和控制淡入度。

3.设置文件打开与保存方式

"打开和保存"选项卡用于设置 AutoCAD 图形文件的版本格式、最近打开的文件数目及是否加载外部参照等。用户可在该选项卡的"文件安全措施"选项中设置自动存盘的时间间隔,以避免由于断电、死机等原因造成绘图数据的丢失。

4. 设置打印选项

"打印和发布"选项卡用于设置打印机和打印参数。在"新图形的默认打印设备"选项组中用户可以设置默认的打印设备或添加和配置打印机。在"基本打印设备选项"组中可设置基本打印环境的相关选项,如图纸尺寸、打印方向等。在"新图形的默认的打印样式"选项组中设置新图形的打印样式。

5. 设置系统参数

"系统"选项卡用于设置与三维图形显示相关的系统特性、为系统定点设备选择驱动程序。其中,"基本选项"选项组用于设置 AutoCAD 的文档环境和插入 OLE 对象特性以及系统启动方式。

6. 设置用户系统配置

用户可以使用"用户系统配置"选项卡优化 AutoCAD 的工作方式。在"Windows 标准操作"选项组中,用户可以对鼠标按钮进行定义。"缩放比例"选项组用于设置通过设计中心插入对象时,源对象与目标图形的比例系数。"关联标注"选项组用于设置标注对象与图形对象是否关联。

7. 设置捕捉、追踪功能

在"选项"对话框中,用户可以使用"绘图"选项卡设置对象自动捕捉、自动追踪功能及自动捕捉标记和靶框大小。

8. 设置三维环境显示

"三维建模"选项卡用于设置三维环境下的光标、工具和显示参数。

9. 设置选择集模式

"选择集"选项卡用于设置选择集模式和是否使用夹点编辑功能及拾取框和夹点大小。

10. 设置配置文件

"配置"选项卡用于设置系统当前配置文件。用户也可以新建、重命名系统配置文件或删除已有系统配置文件。

11. 同步 AutoCAD 360 账户

"联机"选项卡用于用户登录 AutoCAD 360 账户,并实现图形和设置的同步。

🐾**注意**

只有具有相当经验的用户才可修改系统环境参数,否则修改后可能造成 AutoCAD 某些功能不能使用。

项目二　AutoCAD 2014 操作命令

 项目目标

在 AutoCAD 2014 中,要实现任何操作,都必须发出命令,因此本项目的目标是:掌握命令的输入方式,命令的重复、终止、撤销与重做以及透明命令等基本操作。

知 识 点

(1)命令的输入方式。

(2)命令的重复、终止、撤销与重做。

(3)透明命令。

任务一 输入绘图命令的方式

1.命令行窗口

命令行窗口位于 AutoCAD 绘图窗口的底部,用户利用键盘输入的命令、命令选项及相关信息都显示在该窗口中。在命令行窗口出现"命令:"提示符后,利用键盘输入 Auto-CAD 命令,并回车确认,该命令立即被执行。

例如要输入绘制直线命令(LINE),操作如下:

命令:**LINE(或 L)**↙

AutoCAD 提示:

指定第一个点:

AutoCAD 采取"实时交互"的命令执行方式,在绘图或图形编辑操作过程中,用户应特别注意命令行窗口中显示的文字,这些信息记录了 AutoCAD 与用户的交流过程。如果要详细了解这些信息,可以打开如图 2-2 所示的文本窗口来阅读。

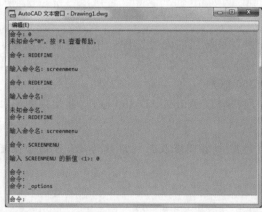

图 2-2 文本窗口

默认情况下,文本窗口处于关闭状态,用户可以利用 F2 功能键打开或关闭它。

说明:文本窗口中的内容是只读的,因此用户不能对文本窗口中的内容进行修改,但可以将它们复制并粘贴到命令行窗口或其他应用程序中(如 Word)。

2.下拉菜单和工具栏

除键盘外,鼠标是最常用的输入设备。在 AutoCAD 中,鼠标键是按照下述规则定义的:

（1）拾取键：指鼠标左键，用于拾取屏幕上的点、菜单选项或工具栏按钮等。

（2）确认键：通常指鼠标右键，相当于回车键，用于结束当前的命令。

移动鼠标，当光标移至下拉菜单选项或工具栏相应按钮上时，单击鼠标左键，相应的命令立即被执行。此时在命令行窗口会显示相应的命令及命令提示，与键盘输入命令不同之处是此时在命令前有一下划线。

例如，用鼠标选择下拉菜单［绘图］→［直线］选项或在工具栏上单击 按钮，输入绘制直线命令。

另外，在绘图过程中，用户可以随时在绘图区单击鼠标右键，AutoCAD 将根据当前操作弹出一个快捷菜单，用户可选择执行相应的命令。

任务二　命令的重复、终止、撤销与重做

在 AutoCAD 中，用户可以方便地重复执行同一条命令，终止正在执行的命令或撤销前面执行的一条或多条命令。此外，撤销前面执行的命令后，还可以通过重做来恢复。

1. 重复命令

无论使用哪种方法输入一条命令后，当"命令："提示符出现时，再按一下空格键或回车键，就可重复这个命令。也可以在绘图区中单击鼠标右键，在弹出的快捷菜单中选择［重复］选项。此外用户也可以在命令行窗口单击鼠标右键，在弹出的快捷菜单中选择［近期使用的命令］选项，选择最近使用过的 6 个命令之一。

2. 终止命令

命令执行过程中，用户在下拉菜单或工具栏调用另一命令，将自动终止正在执行的命令。此外，可以随时按 Esc 键终止命令的执行。

3. 撤销命令

利用 UNDO 命令或单击工具栏 ⟲ 按钮，可逐次撤销前面输入的命令。在命令行输入 UNDO 命令，然后再输入要放弃的命令的数目，可一次撤销前面输入的多个命令。例如要撤销最后的 5 个命令，可进行如下操作：

在命令行键入 UNDO 命令并回车，系统提示：

输入要放弃的操作数目或［自动（A）/控制（C）/开始（BE）/结束（E）/标记（M）/后退（B）］〈1〉：**5** ↙

由于命令的执行是依次进行的，所以当返回到以前的某一操作时，其间的所有操作都将被取消。如果要恢复撤销的最后一个命令，可以使用 REDO 命令或选择［编辑］→［重画］选项。

任务三　透明命令

在 AutoCAD 中，透明命令是指在执行其他命令的过程中可以执行的命令。透明命

令多为修改图形设置、绘图辅助工具等命令,例如捕捉(SNAP)、栅格(GRID)、缩放(ZOOM)等命令。

输入透明命令前应先输入一个单引号"'"。在命令行中,透明命令的提示符前有一个双折号">>"。透明命令执行结束,将继续执行原命令。例如,在绘制直线过程中执行缩放命令,可进行如下操作。

采用下面任一种方法启动直线命令:

- 绘图工具栏:。
- 下拉菜单:[绘图]→[直线]。
- 命令:LINE✓。

AutoCAD 提示:

指定第一个点:**指定直线起点**

指定下一点或[放弃(U)]:**指定直线终点**

指定下一点或[闭合(C)/放弃(U)]:**'ZOOM**✓　　　　　　//输入透明命令

>>指定窗口角点,输入比例因子(nX 或 nXP),或[全部(A)中心点(C)动态(D)范围(E)上一个(P)比例(S)窗口(W)]<实时>:**指定窗口一角点**　　//窗口方式缩放

>>>>指定对角点:**指定另一角点**

正在恢复执行 LINE 命令。

指定下一点或[闭合(C)/放弃(U)]:　　　　　　　　　　　//恢复直线命令

如果在绘制直线的过程中单击"窗口缩放"按钮,会达到同样的效果。

项目三　绘图辅助工具控制

项目目标

在 AutoCAD 中,用户不仅可以通过输入点的坐标绘制图形,而且还可以使用系统提供的对象捕捉功能捕捉图形对象上的某些特征点,从而快速、精确地绘制图形。因此本项目的目标是:掌握对象捕捉的模式,使用对象捕捉模式,使用自动捕捉功能和极轴追踪、对象追踪等基本操作。

知识点

(1)使用自动捕捉功能。
(2)对象捕捉的模式。
(3)使用对象捕捉的模式。
(4)极轴追踪。
(5)对象追踪。

任务一　使用自动捕捉功能

所谓自动捕捉,就是当用户把光标放在一个图形对象上时,系统根据用户设置的对象捕捉模式,自动捕捉到该对象上所有符合条件的特征点,并显示出相应的标记。

1."草图设置"对话框

在命令行窗口键入 OSNAP 命令或选择[工具]→[草图设置]选项,打开"草图设置"对话框,选择"对象捕捉"选项卡,如图 2-3 所示,在"对象捕捉"选项卡中选中相应复选框,再选中"启用对象捕捉"复选框,单击"确定"按钮。

2.使用"对象捕捉"功能

一旦"对象捕捉"功能被启用,当某个 AutoCAD 命令要求指定一个点时,所设置的捕捉模式就自动起作用,根据光标在对象上的位置不同,自动选择相应的捕捉模式。

用户可以利用状态栏上的"对象捕捉"按钮关闭或启用对象捕捉功能。

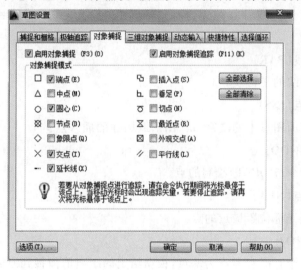

图 2-3　对象捕捉选项卡

任务二　对象捕捉的模式

AutoCAD 2014 提供了多种对象捕捉模式,下面简述如下。

1.端点捕捉（END）

捕捉直线、曲线等对象的端点或捕捉多边形（POLYGON）的最近一个角点。

2.中点捕捉（MID）

捕捉直线、曲线等线段的中点。

3. 交点捕捉（INT）

捕捉不同图形对象的交点。

4. 外观交点捕捉（APP）

捕捉在三维空间中图形对象(不一定相交)的外观交点。

5. 捕捉延长线（EXT）

捕捉直线、圆弧、椭圆弧、多段线等图形延长线上的点。

6. 捕捉圆心（CEN）

捕捉圆、圆弧、椭圆、椭圆弧等的圆心。

7. 捕捉象限点（QUA）

捕捉圆、圆弧、椭圆、椭圆弧等图形相对于圆心 0°、90°、180°、270°处的点。

8. 捕捉切点（TAN）

捕捉圆、圆弧、椭圆、椭圆弧、多段线或样条曲线等的切点。

9. 捕捉垂足（PER）

用于绘制与已知直线、圆、圆弧、椭圆、椭圆弧、多段线或样条曲线等图形相垂直的直线。

10. 捕捉平行线（PAR）

用于画已知直线的平行线。

11. 捕捉插入点（INS）

捕捉插入在当前图形中的文字、块、图形或属性的插入点。

12. 捕捉节点（NOD）

捕捉用画点命令（POINT）绘制的点。

13. 捕捉最近点（NEA）

捕捉图形上离光标位置最近的点。

14. 捕捉自（FRO）

该模式是以一个临时参考点为基点,根据给定的距离值捕捉到所需的特征点。

15. 临时追踪点（TT）

该模式先用鼠标在任意位置做一标记,再以此为参考点捕捉所需特征点。

16. 无捕捉（NON）

关闭捕捉模式。

任务三　使用对象捕捉的模式

用户可以通过以下三种方法调用对象捕捉模式。

1. 对象捕捉工具栏

对象捕捉工具栏如图 2-4 所示。在绘图过程中,当要求用户指定点时,单击该工具栏中相应的特征点按钮,再将光标移到要捕捉对象的特征点附近,即可捕捉到所需的点。

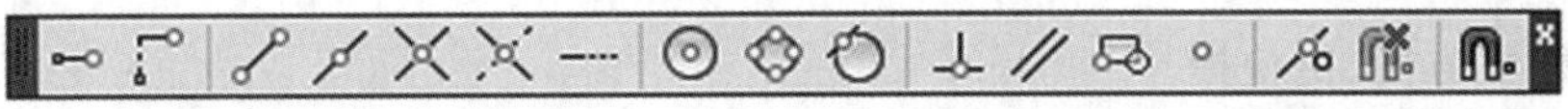

图2-4 对象捕捉工具栏

2.对象捕捉快捷菜单

当要求用户指定点时,按下 Shift 键或者 Ctrl 键,同时在绘图区任一点单击鼠标右键,即可打开对象捕捉快捷菜单,如图2-5所示。利用该快捷菜单用户可以选择相应的对象捕捉模式。在对象捕捉快捷菜单中,除了"点过滤器"选项外,其余各选项都与对象捕捉工具栏中的模式相对应。"点过滤器"选项用于捕捉满足指定坐标条件的点。

3.对象捕捉关键字

不管当前对象捕捉模式如何,当命令提示要求用户指定点时,输入对象捕捉关键字,如END、MID、QUA等,直接给定对象捕捉模式。该模式常用于临时捕捉某一特征点,操作一次后即退出指定对象捕捉模式。

图2-5 对象捕捉快捷菜单

任务四 极轴追踪

极轴追踪是在系统要求指定一个点时,按预先设置的角度增量显示一条无限长的辅助线,沿这条辅助线用户可以快速、方便地追踪到所需特征点。

系统默认的极轴追踪角为90°,用户可根据需要自行设置极轴追踪角。

在"草图设置"对话框中打开"极轴追踪"选项卡,如图2-6所示。

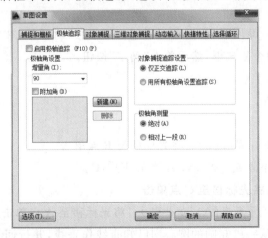

图2-6 "极轴追踪"选项卡

该选项卡各选项功能如下:

●"启用极轴追踪"复选框：打开或关闭极轴追踪功能。按 F10 功能键打开或关闭极轴追踪功能更方便、更快捷。

●"增量角"下拉列表框：用于选择极轴夹角的递增值，当极轴夹角为该值倍数时，都将显示辅助线。

●"附加角"复选框：当"增量角"下拉列表中的角不能满足需要时，先选中该项，然后通过"新建"命令增加特殊的极轴夹角。

任务五 对象追踪

对象追踪功能是利用已有图形对象上的捕捉点来捕捉其他特征点的又一种快捷作图方法。对象追踪功能常用于事先不知具体的追踪方向，但已知图形对象间的某种关系（如正交）的情况下使用。

【课堂实训一】 以图 2-7 所示矩形 AB 边为直径，在矩形上方作半圆弧与矩形连接。

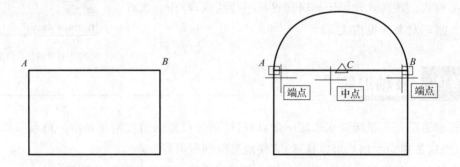

图 2-7 对象捕捉实例一

绘图步骤分解：

(1)选择［工具］→［草图设置］选项，打开"草图设置"对话框，在"对象捕捉"选项卡中选中"端点"、"中点"两个复选框，然后单击"确定"按钮。

(2)绘制半圆弧

命令：**ARC↙或 A↙**   //输入圆弧命令

AutoCAD 提示：

指定圆弧的起点或［圆心(C)］：**将光标移至 B 点单击**   //捕捉端点

指定圆弧的第二个点或［圆心(C)/端点(E)］：**C↙**   //选圆心方式

指定圆弧的圆心：**将光标移至 C 点单击**   //捕捉圆心

指定圆弧的端点或［角度(A)/弦长(L)］：**将光标移至 A 点单击**//捕捉端点

【课堂实训二】 从一已知圆的圆心向已知直线作垂线，并折回与该圆相切，如图 2-8 所示。

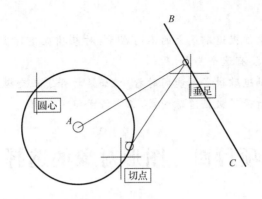

图 2-8　对象捕捉实例二

绘图步骤分解：

(1)选择[工具]→[草图设置]选项,打开"草图设置"对话框,在"对象捕捉"选项卡中选中"圆心"、"垂足"、"切点"三个复选框,然后单击"确定"按钮。

(2)单击[绘图]→[直线]选项,AutoCAD 提示：

命令：_line 指定第一个点：**cen 到移动光标到圆周上单击**　　　//捕捉圆心

指定下一点或[放弃(U)]：**per 到移动光标到直线上单击**　　　//捕捉垂足

指定下一点或[放弃(U)]：**tan 到移动光标到圆周上单击**　　　//捕捉切点

指定下一点或[闭合(C)/放弃(U)]：↙　　　　　　　　　　　//结束命令

【课堂实训三】　使用极轴追踪功能在图 2-9(a)所示半圆弧上绘制 30°角等分线,如图 2-9(b)所示。

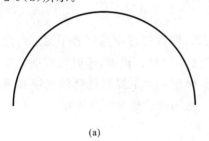

(a)

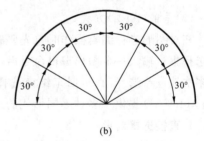

(b)

图 2-9　极轴追踪应用实例

绘图步骤分解：

(1)在"草图设置"对话框中选择"极轴追踪"选项卡,在对话框"增量角"下拉列表中选择极轴夹角为 30°,同时选中"启动极轴追踪"复选框。

(2)在"对象捕捉"选项卡中设置捕捉圆心、交点方式。

(3)键入直线(LINE)命令,捕捉圆弧中心为第一点,当提示"指定下一点："时,将光标沿弧线移动,当光标与圆心连线与 X 轴大约成 30°角时屏幕呈现放射线虚线,同时在弧线上出现交点捕捉标记,单击确认该点为直线第二点。

(4)用同样方法绘制其余直线,注意绘制其他直线时,光标和圆心连线与 X 轴夹角应分别为 60°、90°、…。

注意

1.极轴追踪与对象捕捉追踪最大的不同在于:对象捕捉追踪需要在图样中有可以捕捉的对象,而极轴追踪没有这个要求。

2.正交模式和极轴追踪模式不能同时打开,如果打开了正交模式,极轴追踪模式将被自动关闭;反之,如果打开了极轴追踪模式,正交模式将被关闭。

项目四　图形对象的选择

项目目标

本项目的目标是:掌握图形对象的选择方法。

知识点

(1)直接选择对象。

(2)窗口(W)方式。

(3)多边形窗口(WP)方式。

(4)交叉窗口(C、CP)方式。

(5)全部(ALL)方式。

在对图形进行编辑操作时首先要确定编辑的对象,即在图形中选择若干图形对象构成选择集。输入一个图形编辑命令后,命令行出现"选择对象:"提示,这时可根据需要反复多次地进行选择,直至回车结束选择,转入下一步操作。为了提高选择的速度和准确性,AutoCAD 提供了多种不同形式的选择对象方式,常用的选择对象方式有以下几种。

1.直接选择对象

这是默认的选择对象方式,此时光标变为一个小方框(称拾取框),将拾取框移至待选图形对象上单击鼠标左键,则该对象被选中。重复上述操作,可依次选取多个对象。被选中的图形对象以虚线高亮显示,以区别其他图形。利用该方式每次只能选取一个对象,且在图形密集的地方选取对象时,往往容易选错或多选。

2.窗口(W)方式

键入"W"并回车,选择窗口方式。通过光标给定一个矩形窗口,所有部分均位于这个矩形窗口内的图形对象被选中。窗口方式选择对象常用下述方法:在选择对象时首先确定窗口的左侧角点,再向右拖动定义窗口的右侧角点,则定义的窗口为选择窗口,此时只有完全包含在选择窗口中的对象才被选中,如图 2-10 所示。

3.多边形窗口(WP)方式

键入"WP"并回车,用多边形窗口方式选择对象,完全包含在窗口中的图形被选中。

4.交叉窗口(C、CP)方式

该方式与用 W、WP 窗口方式选择对象的操作方法类似,不同点在于,在交叉窗口方式下,所有位于矩形(或多边形)窗口之内或者与窗口边界相交的对象都将被选中。如图2-11 所示。在选择对象时,如果首先确定窗口的右侧角点,再向左拖动定义窗口的左侧角点,则定义的窗口为交叉窗口,这种方法是选择对象的通常方法。

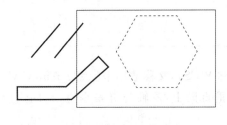

图 2-10　"W"窗口方式

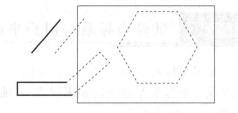

图 2-11　"C"窗口方式

5.全部(ALL)方式

键入"ALL"并回车,选中屏幕上全部图形对象。

6.删除(R)与添加(A)方式

键入"R"并回车,进入删除方式。在删除方式下可以从当前选择集中移出已选取的对象。在删除方式提示下,输入"A"并回车,则可继续向选择集中添加图形对象。

7.上一个(P)方式

键入"P"并回车,将最近的一个选择集设置为当前选择集。

8.放弃(U)方式

键入"U"并回车,取消最后的选择对象操作。

以上只是常用的几种选择对象方式,如果要了解所有选择对象方式,可在"选择对象:"提示下输入"?"并回车,系统将显示如下提示信息:

窗口(W)/上一个(L)/窗交(C)/框(BOX)/全部(ALL)/栏选(F)/圈围(WP)/圈交(CP)/编组(G)/类(CL)/添加(A)/删除(R)/多个(M)/上一个(P)/放弃(U)/自动(AU)/单个(SI):

根据提示,用户可选取相应的选择对象方式。

项目五　AutoCAD 的坐标系

 项目目标

要精确绘制工程图,必须以某个坐标系作为参照,本项目主要介绍 AutoCAD 坐标系统和点的坐标表示方法。因此本项目的目标是:掌握世界坐标系与用户坐标系及坐标的表示方法。

知 识 点

(1)世界坐标系与用户坐标系。

(2)坐标的表示方法。

任务一　世界坐标系与用户坐标系

世界坐标系(World Coordinate System,简称 WCS),又称通用坐标系。AutoCAD 默认的世界坐标系 X 轴正向水平向右,Y 轴正向垂直向上,Z 轴与屏幕垂直,正向由屏幕向外。

用户坐标系(User Coordinate System,简称 UCS),是一种相对坐标系。与世界坐标系不同,用户坐标系可选取任意一点为坐标原点,也可以任意方向为 X 轴正方向。用户可以根据绘图需要建立和调用用户坐标系。关于用户坐标系将在三维绘图中做详细介绍。

在绘图过程中,AutoCAD 通过坐标系图标显示当前坐标系统,如图 2-12 所示。

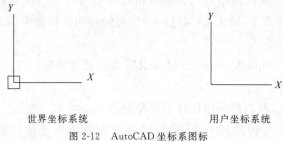

世界坐标系统　　　　　　　　用户坐标系统

图 2-12　AutoCAD 坐标系图标

任务二　坐标的表示方法

在 AutoCAD 2014 中,点的坐标可以使用绝对直角坐标、绝对极坐标、相对直角坐标和相对极坐标 4 种表示方法。在二维绘图中,可暂不考虑点的 Z 坐标。

1.绝对直角坐标

指当前点相对坐标原点的坐标值。如图 2-13 所示 A 点的绝对坐标为"17.2,24.6"。

2.绝对极坐标

用"距离＜角度"表示。其中距离为当前点相对坐标原点的距离,角度表示当前点和坐标原点连线与 X 轴正向的夹角。如图 2-13 所示,A 点的绝对极坐标可表示为"30.0＜55"。

3.相对直角坐标

相对直角坐标是指当前点相对于某一点的坐标的增量。相对直角坐标前加一"@"符号。例如 A 点的绝对坐标为"10,15",B 点相对 A 点的相对直角坐标为"@5,−2",则 B

点的绝对直角坐标为"15,13"。

4.相对极坐标

相对极坐标用"@距离<角度"表示,例如"@4.5<30"表示当前点到下一点的距离为4.5,当前点与下一点的连线与 X 轴正向夹角为30°。

【课堂实训】 使用上述4种坐标表示方法,创建如图2-14所示三角形 ABC。

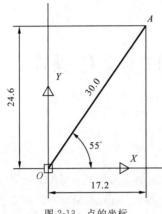

图2-13 点的坐标

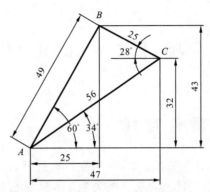

图2-14 用4种坐标表示法绘制三角形

绘图步骤分解:

方法1.使用绝对直角坐标

命令:LINE ↙

指定第一个点:**0,0** ↙   //指定第一个点为坐标原点

指定下一点或［放弃(U)］:**25,43** ↙   //输入 B 点的绝对直角坐标

指定下一点或［放弃(U)］:**47,32** ↙   //输入 C 点的绝对直角坐标

指定下一点或［闭合(C)/放弃(U)］:**C** ↙   //闭合三角形

方法2.使用绝对极坐标

命令:LINE ↙

指定第一个点:**0,0** ↙   //指定第一个点为坐标原点

指定下一点或［放弃(U)］:**49<60** ↙   //输入 B 点的绝对极坐标

指定下一点或［放弃(U)］:**56<34** ↙   //输入 C 点的绝对极坐标

指定下一点或［闭合(C)/放弃(U)］:**C** ↙   //闭合三角形

方法3.使用相对直角坐标

命令:LINE ↙

指定第一个点:**0,0** ↙   //指定第一个点为坐标原点

指定下一点或［放弃(U)］:**@25,43** ↙   //输入 B 点的相对直角坐标

指定下一点或［放弃(U)］:**@22,-11** ↙   //输入 C 点的相对直角坐标

指定下一点或［闭合(C)/放弃(U)］:**C** ↙   //闭合三角形

方法4.使用相对极坐标

命令:LINE ↙

指定第一个点:**0,0** ↙   //指定第一个点为坐标原点

指定下一点或 [放弃(U)]:@49＜60 ✓　　　　//输入 B 点的相对极坐标

指定下一点或 [放弃(U)]:@25＜－28 ✓　　　//输入 C 点的相对极坐标

指定下一点或 [闭合(C)/放弃(U)]:C ✓　　　//闭合三角形

注意

在输入点的坐标时,不要局限于某种方法,要综合考虑各种方法,哪种方法适合,哪种方法简单,就用哪种。

项目六　AutoCAD 的多文件操作

项目目标

在实际的绘图工作中,往往要同时打开、处理多个文件,AutoCAD 提供了多文件工作环境,可以方便地切换多个文件。本项目主要介绍在 AutoCAD 多文件工作环境下多个文件的切换方式和显示方式。因此本项目的目标是:掌握多个文件的切换方式和不同的显示方式的实现方法。

知识点

(1)多个文件的切换方式。

(2)多个文件的显示方式。

AutoCAD 2014 提供多文件工作环境,可以同时打开多个图形文件进行编辑,如图 2-15 所示。

多个图形文件被打开后,用鼠标单击某一图形文件窗口中的任何地方,就可以使该窗口成为当前窗口。也可以通过组合键 Ctrl + F6 在所有打开的图形文件间切换当前窗口。

利用"窗口"菜单可控制多个图形窗口的显示方式。窗口显示方式有"层叠"(图 2-15)、"垂直平铺"(图 2-16)和"水平平铺"方式。还可以用"排列图标"来重排这些图形窗口的显示位置。

利用 AutoCAD 多文件工作环境,用户可以在不同图形间复制和粘贴对象或者将对象从一个图形拖放到另一个图形中,同时也可以将一个图形中对象的特性传递给另一个图形中的对象。

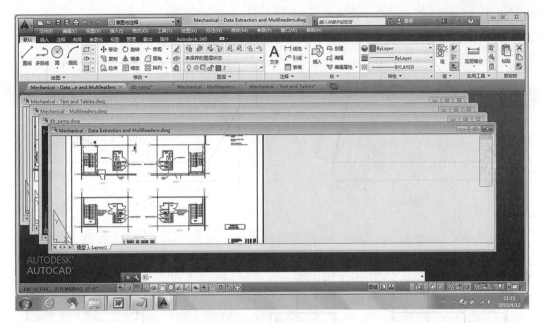

图 2-15　多文件绘图窗口

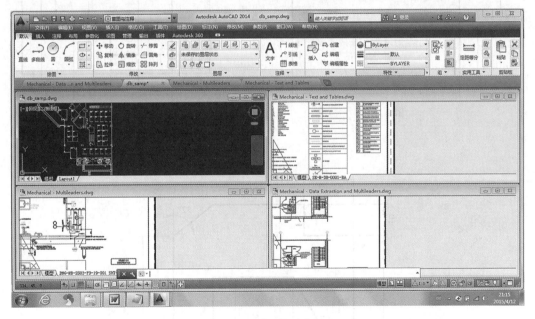

图 2-16　垂直平铺图形窗口

单元训练

1. 什么是极轴追踪,如何设置极轴角?

2. 如何利用继续方式绘制直线?直线的起点和方向如何确定?

3. 如何设置对象捕捉模式?同时捕捉的特征点是否越多越好?

4.绘制图 2-17～图 2-23 所示图形,不标注尺寸。

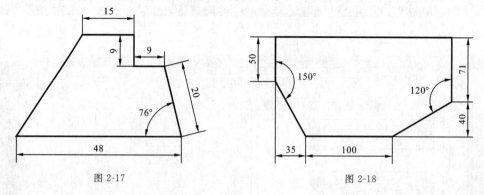

图 2-17   图 2-18

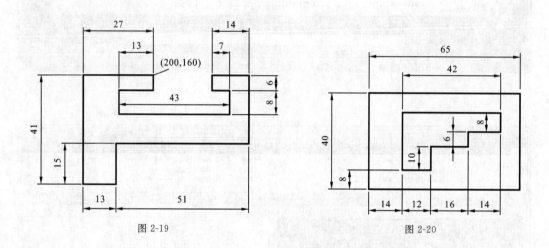

图 2-19   图 2-20

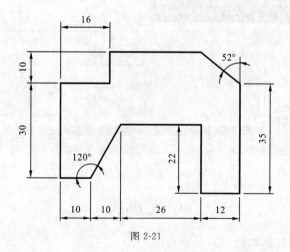

图 2-21

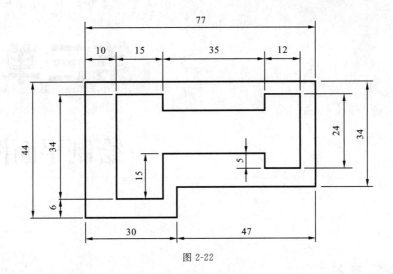

图 2-22

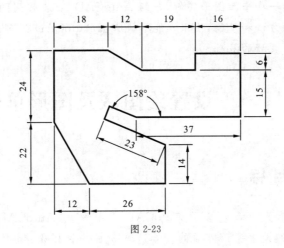

图 2-23

第三单元

绘制平面图形

学习目标

本单元通过绘制一些平面图形实例,介绍 AutoCAD 2014 常用的绘图与修改命令及绘制平面图形的一般方法和步骤,使用户能尽快掌握 AutoCAD 2014 的基本作图方法,为今后的学习打下一个良好的基础。

项目一　设置绘图区及图形单位

项目目标

AutoCAD 绘图参数设置包含了 AutoCAD 草图设置、AutoCAD 绘图界限的设置、AutoCAD 光标选择的设置等三方面的内容。本项目的目标是:掌握设置绘图区及图形单位的操作。

知识点

(1)用图形界限设置绘图区。
(2)设置绘图单位。

任务一　用图形界限设置绘图区

图形界限是 AutoCAD 绘图空间中的一个假想矩形绘图区域,相当于用户选择的图纸图幅大小。图形界限确定了栅格和缩放的显示区域,默认图形界限形成一个矩形区域。长度单位采用公制时,图形界限的默认矩形区域的左下角坐标为(0,0),右上角坐标为

（420，297）；长度单位采用英制时，图形界限的默认矩形区域的左下角坐标为（0，0），右上角坐标为（12，9）。

1. 启动命令

- 命令：LIMITS↙。
- 下拉菜单：[格式]→[图形界限]。

之后 AutoCAD 提示：

重新设置模型空间界限：

指定左下角点或［开（ON）/关（OFF）］＜0.0000，0.0000＞：

指定右上角点＜420.0000，297.0000＞：

2. 说明

开（ON）：打开图形界限检查，限制拾取点在绘图界限范围内。

关（OFF）：关闭图形界限检查，图形绘制允许超出图形界限，系统默认设置为关。

左下角点（或者右上角点）：图形界限矩形区域的定点坐标，支持鼠标拾取和键盘直接输入。

任务二 设置绘图单位

运用 AutoCAD 提供的"图形单位"对话框可设置长度单位和角度单位（在默认情况下，AutoCAD 的图形单位用十进制进行数值显示）。具体操作如下：

启动命令：

- 命令：DDUNITS↙。
- 下拉菜单：[格式]→[单位]。

用上述任意一种方法，AutoCAD 均会弹出如图 3-1 所示的"图形单位"对话框，其各选项含义如下：

图 3-1 "图形单位"对话框

（1）长度：设置长度单位的类型和精度。

（2）角度：设置角度单位的类型和精度。

（3）插入时的缩放单位：控制插入到当前图形中的块和图形的测量单位。

（4）输出样例：显示当前设置的单位和角度的举例。

（5）方向：规定角度测量的起始位置和方向。

项目二   点的绘制

项 目 目 标

点是最基本的绘图元素，任何复杂的平面图形都是由点、线及面组成的，本项目的目标是：掌握点样式的设置及画法。

知 识 点

（1）设置点样式。

（2）绘制点对象。

任务一   设置点样式

1.启动命令

● 命令：POINT✓。

● 下拉菜单：[绘图]→[点]→[单点]或[多点]。

● 工具栏：·。

执行上述操作后，AutoCAD 提示：

命令：_point

当前点模式：PDMODE＝0 PDSIZE＝0.0000

指定点：

在该提示下，可以在命令行输入点的坐标，也可以通过光标在屏幕上直接确定一点。

2.点的类型

可以通过以下两种途径确定：

● 下拉菜单：[格式]→[点样式]。

● 命令：DDPTYPE✓。

采用上述任意一种方法之后，将出现图 3-2 所示的"点样式"对话框，用鼠标选中其中之一，设置为当前点的类型。

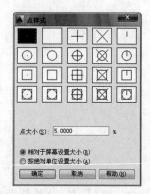

图 3-2 "点样式"对话框

任务二 绘制点对象

在使用 AutoCAD 2014 时,经常需要先指定对象的端点或中心点,以此作为绘图的辅助点或参照点。在这里,用户可以根据实际需要来创建不同的点。默认情况下,点对象显示为一个小圆点。

创建点时,分为单点、多点、定数等分、定距等分选项,用以实现点的多种创建方式。

(1)单点:选择此选项后,直接在指定位置单击就可以创建一个点。

(2)多点:选择此选项后,可以在绘图窗口中一次指定多个点,直到按 Esc 键结束。

(3)定数等分:选择此选项后,命令行将提示选择要定数等分的对象,然后按要求输入对该对象进行等分的数目,例如对一段直线和圆进行定数等分,如图 3-3 所示。

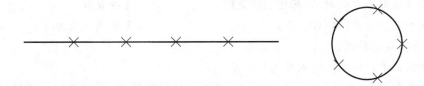

图 3-3 定数等分

注意

实际绘图时,因为输入的是等分数,而不是放置点数,所以如果将所选对象分成 N 份,则实际只有 $N-1$ 个点。另外,每次只能对一个对象进行操作,不能对一组对象进行操作。

(4)定距等分:选择此选项后,命令行将提示选择要定距等分的对象,然后按要求输入等分段的长度。例如将一段直线定距等分,如图 3-4 所示。

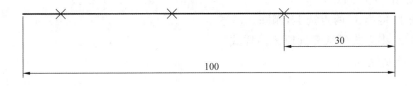

图 3-4 定距等分

注意

实际绘图时,放置点的起始位置从离对象选取点较近的端点开始。另外,如果对象总长不能被所选长度整除,则绘制点到对象端点的距离将不等于所选长度。

【课堂实训】 绘制如图 3-5 所示的图形。

绘图步骤分解:

(1)利用绘制直线命令,绘制三角形 ADE。

(2)将 AD 三等分。

● 下拉菜单:[绘图]→[点]→[定数等分]。

● 命令:DIVIDE↙。

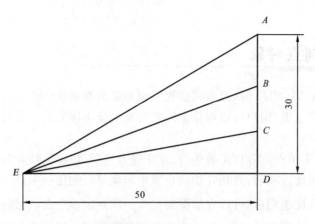

图 3-5 绘图实例一

执行上述任一操作后,AutoCAD 提示:

选择要定数等分的对象:**单击 AD 直线**   //选择目标

输入线段数目或[块(B)]:**3** ✓   //等分线段数为 3

(3)变换点的样式。

● 下拉菜单:[格式]→[点样式]。

该命令打开"点样式"对话框,如图 3-2 所示,选择除第一、第二种以外任何一种点样式即可。

(4)连接 EB 和 EC 两直线。

命令:**LINE** ✓

指定第一个点或[放弃(U)]:**利用端点捕捉,找到 E/点确定目标点 E**

指定下一点或[放弃(U)]:**利用节点捕捉,找到 B 点**//确定目标点 B

同理绘出 EC 直线。

(5)删除 B、C 两点。

方法 1:将 B、C 两点选上,删除。

方法 2:将点式样恢复到原来的样式。

图形绘制完成。

项目三   直线、射线、构造线的绘制

 项目目标

线的种类很多,包括直线、射线、构造线等,它们是绘制图形中出现次数最多的几何元素,在 AutoCAD 中,直线、射线和构造线是最简单的一组线性对象。本项目的目标是:掌握直线、射线、构造线的绘制。

知识点

(1)直线的绘制。

(2)射线的绘制。

(3)构造线的绘制。

任务一　绘制直线

绘制直线必须知道直线的位置和长度,换句话说,只要指定了起点和终点,即可绘制一条直线。在 AutoCAD 中绘制的直线实际上是直线段,不同于几何学中的直线。

直线坐标点输入方式如下:

(1)绝对直角坐标 X,Y,指当前点相对于坐标原点的坐标值,逗号前为 X 的坐标,逗号后为 Y 的坐标。

(2)相对直角坐标@X,Y,即指定的点相对于上一点的位置。

(3)绝对极坐标距离<角度,距离为当前点相对于坐标原点的距离,角度为当前点与 X 轴正方向的夹角,在 AutoCAD 中逆时针方向为正方向,一般采用角度制,一周为 $360°$。

(4)相对极坐标@距离<角度,距离以及夹角都是以一个点为原点。

AutoCAD 用户可以根据自己的喜好选择输入点坐标的方式,在 AutoCAD 的使用中,最常用的是第二种和第四种输入方式。

(1)如果已知直线的方向,当出现"指定下一点或[放弃(U)]:"提示时,可直接给定直线长度。

例如从已知点 A 向点 C 绘制长度为 50 的直线,如图 3-6 所示。

命令:LINE(或 L)↙　　　　　　　　　　　　　//键入直线命令

指定第一个点:单击 A 点　　　　　　　　　　//指定起点

指定下一点或［放弃(U)］:50↙(将光标放在 C 点)　//并输入直线长度

指定下一点或［放弃(U)］:↙　　　　　　　　//退出直线命令

(2)当出现"指定第一个点:"的提示时直接回车响应,则最后绘制的直线或圆弧的终点将作为所画直线的起点。如果最后所画的是直线,接下来与通常一样出现"指定下一点或[闭合(C)/放弃(U)]:"提示。如果最后所画的是圆弧,则该圆弧的终点就成为新直线的起点,圆弧终点的切线方向决定所画直线方向,只要再给出直线的长度即可。

下面是一个继已有圆弧终点绘制直线的例子,如图 3-7 所示。

命令:lINE↙

指定第一个点:↙　　　　　　　　　　　　　//直接回车,继续方式画线

直线长度:100↙　　　　　　　　　　　　　//输入直线长度

指定下一点或［放弃(U)］:300,100↙　　　　　//输入 D 点坐标

指定下一点或［闭合(C)/放弃(U)］:↙　　　　//结束命令

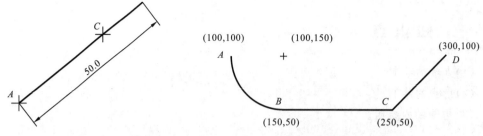

图 3-6 已知方向绘制直线   图 3-7 继续方式绘制直线

在正交模式下绘制直线,给定第一个点后,连接光标起点的橡皮筋总是平行 X 轴或 Y 轴,从而用户可以方便地绘制出与 X 轴或 Y 轴平行的直线。

键入 ORTHO 命令或单击状态栏上的"正交"按钮可打开或关闭正交模式。

【课堂实训】 利用正交模式绘制如图 3-8 所示的图形。

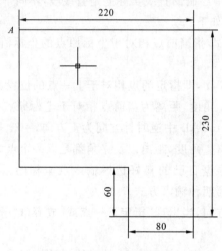

图 3-8 绘图实例二

绘图步骤分解:

命令:**LINE** ↙	//键入直线命令
指定第一个点:**单击一点 A** ↙	//指定起始点 A
指定下一点或 [放弃(U)]:＜正交 开＞ **220** ↙	//沿水平向右给定长度 220
指定下一点或 [放弃(U)]:**230** ↙	//沿竖直向下给定长度 230
指定下一点或 [闭合(C)/放弃(U)]:**80** ↙	//沿水平向左给定长度 80
指定下一点或 [闭合(C)/放弃(U)]:**60** ↙	//沿竖直向上给定长度 60
指定下一点或 [闭合(C)/放弃(U)]:**140** ↙	//沿水平向左给定长度 140
指定下一点或 [闭合(C)/放弃(U)]:**C** ↙	//闭合

任务二 绘制射线

射线是一端固定、另一端无限延伸的直线,它有起点但没有终点。在 AutoCAD 中,射线主要用于绘制辅助线。

射线的启动命令：

- 下拉菜单：[绘图]→[射线]。
- 命令：RAY↙。

在提示下指定射线的起点后，可在"指定通过点："提示下指定多个通过点，来绘制以起点为端点的多条射线，直到按 Enter 键或 Esc 键结束射线绘制。

任务三 绘制构造线

构造线是向两端无限延长的直线，它没有起点和终点，可以放置三维空间的任何地方，主要用于绘制辅助线。

构造线的启动命令：

- 绘图工具栏：✎。
- 下拉菜单：[绘图]→[构造线]。
- 命令：XL↙。

启动构造线命令后，AutoCAD 提示：

XLINE 指定点或[水平(H)/垂直(V)/角度(A)/二等分(B)/偏移(O)]：

可以通过指定两点来定义构造线，第一点为构造线的中点，该命令提示中各选项的功能如下：

(1)水平(H)或垂直(V)：选择该选项，创建经过指定点且平行 X 轴或 Y 轴的构造线。

(2)角度(A)：创建与 X 轴成指定角度的构造线，可以先选择一条参考线，再指定直线与构造线的角度；也可以先指定构造线的角度，再设置必经的点。

(3)二等分(B)：选择该选项，可以创建二等分指定角的构造线，这时需要指定等分角的顶点、起点和端点。

(4)偏移(O)：此选项为通过指定偏移距离或指定一点画平行的构造线。

【课堂实训】 绘制如图 3-9 所示的图形。

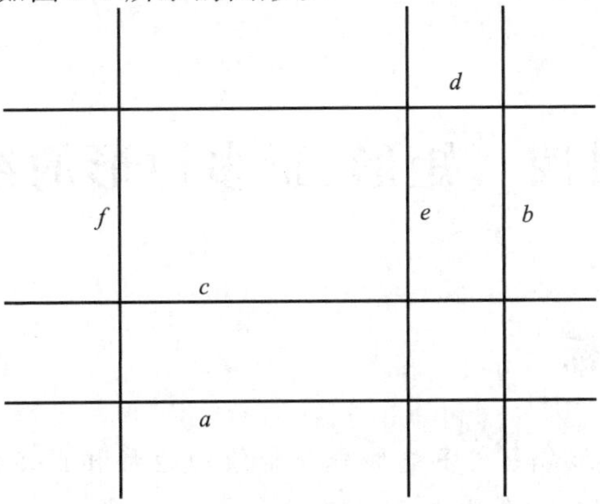

图 3-9 布置构造线

绘图步骤分解：

(1)绘制构造线 a、c、d

● 绘图工具栏：

● 下拉菜单：[绘图]→[构造线]

● 命令：XLINE(XL)✓

执行上述任一操作后，AutoCAD 提示：

命令：_xline 指定点或 [水平(H)/垂直(V)/角度(A)/二等分(B)/偏移(O)]：**H**✓

//要画一条水平的构造线，因此选择此选项

指定通过点：**单击绘图区内一点**　　　//得到构造线 a

指定通过点：✓　　　　　　　　//回车结束构造线的绘制，再次回车重新输

入构造线命令

命令：XLINE 指定点或 [水平(H)/垂直(V)/角度(A)/二等分(B)/偏移(O)]：**O**✓

//作与构造线 a 定距的线，选择此选项

指定偏移距离或[通过(T)]<通过>：**10**✓

//作与 a 相距 10 mm 的另一条构造线

选择直线对象：**选择线 a**

指定向哪侧偏移：**单击 a 线上方一点**　//得到直线 c

选择直线对象：✓　　　　　　　//回车结束对象选择

同理可得到与 a 平行的相距为 30 mm 的构造线 d（步骤略）。

(2)绘制构造线 b、e、f

输入构造线命令，AutoCAD 提示：

命令：XLINE 指定点或 [水平(H)/垂直(V)/角度(A)/二等分(B)/偏移(O)]：**V**✓

//绘制竖直的构造线 b，因此选择此选项

指定通过点：**单击绘图区内一点**　　　//得到构造线 b

指定通过点：✓　　　　　　　　//回车结束命令

同理利用偏移(O)选项，可得到构造线 e 和 f。

项目四　矩形、正多边形的绘制

项目目标

在 AutoCAD 中，矩形命令和多边形命令是绘制矩形和正多边形最常用的方法。本项目的目标是：掌握这两种命令的应用。

知 识 点

(1)矩形的绘制。

(2)正多边形的绘制。

任务一 绘制矩形

启动矩形命令:

● 命令:RECTANG ↙。

● 下拉菜单:[绘图]→[矩形]。

● 绘图工具栏:▢。

启动矩形命令后,系统提示:

指定第一个角点或[倒角(C)/标高(E)/圆角(F)/厚度(T)/宽度(W)]:

如果选择第一个角点,则会继续出现确定第二个角点的命令提示:

指定另一个角点或[面积(A)/尺寸(D)/旋转(R)]:

响应该提示后,系统将自动绘出一个矩形。

命令行提示中其他选项含义为:

(1)倒角(C):设定矩形四角为倒角及大小。

(2)标高(E):确定矩形在三维空间内的某面高度。

(3)圆角(F):设定矩形四角为圆角及大小。

(4)厚度(T):设置矩形厚度。

(5)宽度(W):设置线宽。

注意

如果两个倒角距离之和大于矩形的边长,那么绘制的矩形没有倒角;如果圆角半径大于矩形的边长,那么绘制的矩形没有圆角。

【课堂实训】 绘制如图 3-10 所示的矩形(线宽为 2 mm)。

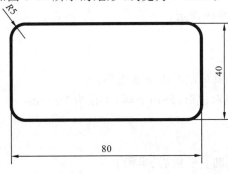

图 3-10 绘制矩形实例

绘图步骤分解：

命令：**RECTANG** ↙

指定第一个角点或［倒角(C)/标高(E)/圆角(F)/厚度(T)/宽度(W)］：**W** ↙

指定矩形的线宽 ＜0.0000＞：**2** ↙

指定第一个角点或［倒角(C)/标高(E)/圆角(F)/厚度(T)/宽度(W)］：**F** ↙

指定矩形的圆角半径 ＜0.0000＞：**5** ↙

指定第一个角点或［倒角(C)/标高(E)/圆角(F)/厚度(T)/宽度(W)］：**在绘图区内单击一点**

指定另一个角点或［面积(A)/尺寸(D)/旋转(R)］：**@80,40** ↙

任务二　绘制正多边形

在 AutoCAD 中,通过与假想的圆内接或外切的方法绘制正多边形,或通过指定正多边形某一边的两个端点进行绘制。

启动多边形命令：

- 命令：POLYGON ↙
- 下拉菜单：［绘图］→［多边形］
- "绘图"工具栏：⬡

执行上述任一操作后,AutoCAD 提示：

_polygon 输入侧面数 ＜4＞：　　　　　　　　　//指定正多边形的边数

指定正多边形的中心点或［边(E)］：

在该提示下有两种选择：一种是直接输入一点作为正多边形的中心点；另一种是输入"E"回车,即指定两个点,以该两点的连线作为正多边形的一条边,通过输入正多边形的边长确定正多边形。

(1)直接输入正多边形的中心点时,AutoCAD 提示行中有两种选择：

输入选项［内接于圆(I)/外切于圆(C)］＜I＞：

在该提示下,输入"I"回车,指定画圆内接正多边形；如果输入"C"回车,则指定画圆外切正多边形。

(2)输入"E"回车时,系统提示：

指定边的第一个端点：

指定边的第二个端点：

系统根据指定的边长就可绘制出正多边形。

【课堂实训】　绘制正六边形,外切于圆,半径为 20 mm,如图 3-11 所示。

绘图步骤分解：

下拉菜单：［绘图］→［圆］→［圆心、半径］

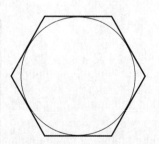

图 3-11　绘制正六边形实例

命令行提示：

_circle 指定圆的圆心或 [三点(3P)/两点(2P)/切点、切点、半径(T)]:**在绘图区指定**
一点作为圆的圆心

指定圆的半径或 [直径(D)]:**20** ↙

下拉菜单:[绘图]→[多边形]

命令行提示：

_polygon 输入侧面数 <4>:**6** ↙

指定正多边形的中心点或 [边(E)]:**捕捉圆的圆心**

输入选项 [内接于圆(I)/外切于圆(C)] <I>:**C** ↙

指定圆的半径:**20** ↙

项目五 圆、圆弧、椭圆的绘制

项目目标

AutoCAD 2014 提供了圆、圆弧和椭圆的绘制命令,用于绘制常见的机械图形形状。
本项目的目标是:掌握这些命令的使用。

知识点

(1)圆的绘制。

(2)圆弧的绘制。

(3)椭圆的绘制。

任务一 绘制圆

启动命令:

● 命令:CIRCLE ↙ 或 C ↙。

● 下拉菜单:[绘图]→[圆]→圆子菜单命令。

●"绘图"工具栏:⬤。

如图 3-12 所示,AutoCAD 2014 提供了以下六种画圆方法:

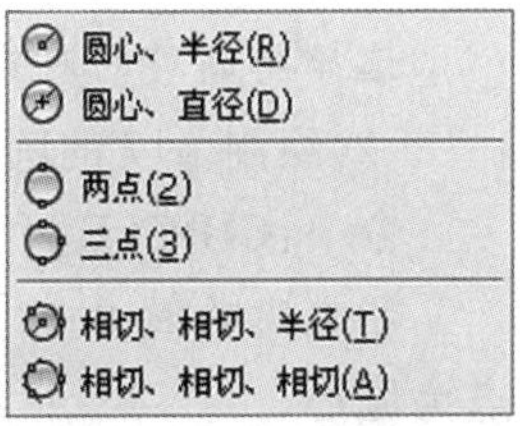

(1)圆心、半径(R)——用圆心和半径绘制一个圆。

(2)圆心、直径(D)——用圆心和直径绘制一个圆。

(3)两点(2)——用直径的两端点绘制一个圆。

(4)三点(3)——用圆弧上的三个点绘制一个圆。

> ⊙ 圆心、半径(R)
> ⊙ 圆心、直径(D)
>
> ○ 两点(2)
> ○ 三点(3)
>
> ⊗ 相切、相切、半径(T)
> ⊗ 相切、相切、相切(A)

图 3-12 圆子菜单

(5)相切、相切、半径(T)——选择两个对象(直线、圆弧或其他圆)并指定圆半径,系统绘制圆与选择的两个对象相切。

(6)相切、相切、相切(A)——选择三个对象(直线、圆弧或其他圆),系统绘制圆与选择的三个对象相切。

【课堂实训】 绘制如图 3-13 所示的图形。

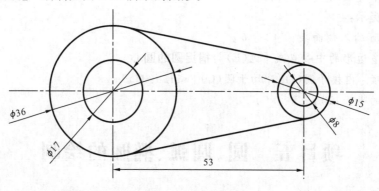

图 3-13　绘制圆

绘图步骤分解:

(1)绘制中心线。

命令:**LINE** ↙

指定第一点:**在绘图区合适位置指定一点**　　　　　//绘制水平中心线

指定下一点或［放弃(U)］:**＜正交 开＞在水平延伸方向上指定中心线另一点**

指定下一点或［放弃(U)］:↙　　　　　//结束水平中心线的绘制

命令:**LINE** ↙　　　　　//绘制竖直中心线

指定第一点:**在适当位置指定竖直中心线第一点**

指定下一点或［放弃(U)］:**指定竖直中心线第二点**

指定下一点或［放弃(U)］:↙　　　　　//结束竖直中心线的绘制

命令:**OFFSET** ↙

当前设置:删除源＝否 图层＝源 OFFSETGAPTYPE＝0

指定偏移距离或［通过(T)/删除(E)/图层(L)］＜通过＞:**53** ↙

选择要偏移的对象,或［退出(E)/放弃(U)］＜退出＞:**选择竖直中心线**

指定要偏移的那一侧上的点,或［退出(E)/多个(M)/放弃(U)］＜退出＞:**在中心线右侧单击**

选择要偏移的对象,或［退出(E)/放弃(U)］＜退出＞:↙

(2)绘制 φ17 的圆。

命令:**CIRCLE** ↙

指定圆的圆心或［三点(3P)/两点(2P)/相切、相切、半径(T)］:**指定左侧两中心线交点为圆心**

指定圆的半径或［直径(D)］＜20.0000＞:**D** ↙

指定圆的直径 ＜40.0000＞:**17** ↙

(3)同理利用圆命令绘制 φ36、φ8 和 φ15 圆。

(4)绘制 φ36、φ15 两圆切线。

至此,完成全图。

任务二 绘制圆弧

启动命令:

● 命令:ARC↙ 或 A↙。

● 下拉菜单:[绘图]→[圆弧]→圆弧子菜单命令。

●"绘图"工具栏: 。

如图 3-14 所示,AutoCAD 2014 提供了 11 种画圆弧的方法:

(1)以三点(起始点、第二点、终点)(P)方式绘制圆弧。

(2)以起点、圆心、端点(S)方式绘制圆弧。

(3)以起点、圆心、角度(T)方式绘制圆弧。

(4)以起点、圆心、长度(A)方式绘制圆弧。

(5)以起点、端点、角度(N)方式绘制圆弧。

(6)以起点、端点、方向(D)方式绘制圆弧。

(7)以起点、端点、半径(R)方式绘制圆弧。

(8)以圆心、起点、端点(C)方式绘制圆弧。

(9)以圆心、起点、角度(E)方式绘制圆弧。

(10)以圆心、起点、长度(L)方式绘制圆弧。

(11)以继续(O)方式绘制圆弧。

图 3-14 圆弧子菜单

【课堂实训】 绘制如图 3-15 所示的图形。

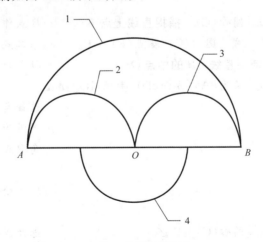

图 3-15 绘制圆弧实例

绘图步骤分解:

(1)绘制直线 AB

(2)绘制圆弧 1

命令:**ARC**↙   //输入绘制圆弧命令

AutoCAD 提示:

指定圆弧的起点或 [圆心(C)]:

<对象捕捉 开>捕捉直线上点 A   //捕捉 A 点作为圆弧起点

指定圆弧的第二个点或 [圆心(C)/端点(E)]:**C**↙   //第二点未知,选择圆心(C)

指定圆弧的圆心:**捕捉直线上点 AB 的中点 O**   //O 点为圆弧 1 的圆心

指定圆弧的端点或 [角度(A)/弦长(L)]:**A**↙   //选择角度(A)

指定包含角:**−180**↙   //圆弧为顺时针绘制,包含角
                                              取负值

(3)绘制圆弧 2

命令:**ARC**↙   //输入绘制圆弧命令

AutoCAD 提示:

指定圆弧的起点或 [圆心(C)]:**捕捉直线上点 A**   //A 点作为圆弧起点

指定圆弧的第二个点或 [圆心(C)/端点(E)]:**E**↙   //第二点未知,选择端点(E)

指定圆弧的端点:**捕捉直线 AB 的中点 O**   // O 点为圆弧 2 的端点

指定圆弧的圆心或 [角度(A)/方向(D)/半径(R)]:**D**↙

                                          //选择圆弧的方向(D)

指定圆弧的起点切向:**<正交 开>,光标拖向直线 AB 的上方,单击鼠标左键**

                                          //圆弧在 A 点的切线方向垂直
                                              AB,方向向上

(4)绘制圆弧 3

命令:**ARC**↙   //输入绘制圆弧命令

AutoCAD 提示:

指定圆弧的起点或 [圆心(C)]:**捕捉直线上点 B**   //B 点作为圆弧起点

指定圆弧的第二个点或 [圆心(C)/端点(E)]: **E**↙   //第二点未知,选择端点(E)

指定圆弧的端点:**捕捉直线 AB 的中点 O**   //O 点为圆弧 3 的端点

指定圆弧的圆心或 [角度(A)/方向(D)/半径(R)]:**A**↙

                                          //选择角度(A)

指定包含角:**180**↙   //圆弧为逆时针绘制,包含
                                              角取正值

(5)绘制圆弧 4

命令:**ARC**↙   //输入绘制圆弧命令

AutoCAD 提示:

指定圆弧的起点或 [圆心(C)]:**C**↙   //选择圆弧的圆心

指定圆弧的圆心:**捕捉 AB 直线的中点 O**   //O 点为圆弧 4 的圆心

指定圆弧的起点:**捕捉圆弧 2 的圆心**   //圆弧 2 的圆心为圆弧 4 的
                                              起点

指定圆弧的端点或 [角度(A)/弦长(L)]:**捕捉圆弧 3 的圆心**
　　　　　　　　　　　　　　　　　//圆弧 3 的圆心为圆弧 4 的
　　　　　　　　　　　　　　　　　　　　端点

至此,完成全图。

任务三　绘制椭圆

启动命令:

● 命令:ELLIPSE↙。

● 下拉菜单:[绘图]→[椭圆]→椭圆子菜单(图 3-16)命令。

● "绘图"工具栏:

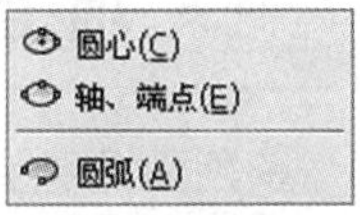

如图 3-16 所示,AutoCAD 提供了三种绘制椭圆的方法。启动椭圆命令后,系统提示:

图 3-16　椭圆子菜单

命令:_ellipse

指定椭圆的轴端点或[圆弧(A)/中心点(C)]:

在该提示中,有以下几种选择:

(1)利用椭圆某一轴上的两个端点的位置以及另一轴的半长绘制椭圆。

(2)利用椭圆某一轴上的两个端点的位置以及一个转角绘制椭圆。

(3)利用椭圆的中心坐标、某一轴上的一个端点的位置以及另一轴的半长绘制椭圆。

(4)利用椭圆的中心坐标、某一轴上的一个端点的位置以及任一转角绘制椭圆。

【课堂实训】　绘制如图 3-17 所示的图形。

绘图步骤分解:

先绘制出如图 3-17 所示矩形,再绘制椭圆。

输入椭圆命令,AutoCAD 提示:

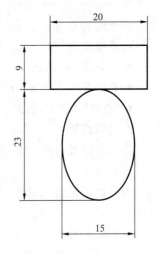

图 3-17　绘制椭圆实例

命令:_ellipse

指定椭圆的轴端点或[圆弧(A)/中心点(C)]:**<对象捕捉 开>单击矩形底边的中点**
　　　　　　　　　　//此点为椭圆的长轴的一个端点

指定轴的另一个端点:**<正交 开> 23**↙
　　　　　　　　　　//将正交模式打开,光标向下拖动,输入长轴值 23

指定另一条半轴长度或[旋转(R)]:**7.5**↙
　　　　　　　　　　//将光标拖向左方或右方,输入短半轴的长度值 7.5

至此,图形绘制完成。

注意

利用旋转方式绘制椭圆时,当选取"旋转(R)"选项时,主要用来绘制与圆所在平面有一定夹角平面上的圆投影成的椭圆,其中角度的范围在 $0°\sim89.4°$ 之间,$0°$绘制一圆,大于 $89.4°$则无法绘制椭圆。

项目六 多段线的绘制与编辑

 项目目标

多段线是将直线和圆弧命令融合起来的命令。本项目的目标是:掌握绘制与编辑多段线的操作。

 知识点

多段线的绘制。

1. 启动命令

● 命令:PLINE ↙。

● 下拉菜单:[绘图]→[多段线]。

● "绘图"工具栏:⤴。

2. 选项说明

输入多段线命令,AutoCAD 提示:

指定起点:

用户通过键盘或鼠标给定多段线的起点后,系统显示当前默认的线宽,随后显示其他选项。

当前线宽为 0.000

指定下一点或[圆弧(A)/闭合(C)/半宽(H)/长度(L)/放弃(U)/宽度(W)]:

各选项含义如下:

(1)闭合(C):用一段直线连接多段线最后一段的终点和第一段的起点,使多段线封闭。

(2)长度(L):用设置的长度绘制一段直线,AutoCAD 按上一段多段线的方向绘制这段直线,如果上一段为圆弧,则该直线段与圆弧相切。

(3)宽度(W):设定多段线的宽度,系统提示输入线段的起点宽度和终点宽度,起点宽度和终点宽度可以不同。

(4)半宽(H):指定多段线的半宽值。

(5)圆弧(A):用于设置多段线的圆弧模式。圆弧模式下的选项为:

● 角度(A):用于指定圆弧的包角。如果角度为负值,圆弧按顺时针绘制;如果角度为正值,则圆弧按逆时针绘制。

- 圆心(CE):指定圆弧的圆心,所生成的圆弧与上一段圆弧或直线相切。
- 闭合(CL):用一段圆弧封闭多段线。
- 方向(D):默认情况下,多段线所绘制的圆弧的方向为前一段直线或圆弧的切线方向,该选项可以改变圆弧的起始方向。系统提示用户输入一点,以起点到该点的连线作为圆弧的起始方向。
- 半宽(H):设置圆弧线的半宽,该选项在直线模式和圆弧模式下功能相同。
- 直线(L):将多段线绘制切换到直线模式。
- 半径(R):设置所绘制圆弧的半径。
- 第二个点(S):输入第二点、第三点,采用三点方式绘制圆弧。
- 放弃(U):取消上一段多段线的操作。
- 宽度(W):设置圆弧线的宽度,该选项在直线模式和圆弧模式下功能相同。

【**课堂实训一**】 绘制如图 3-18 所示的图形。

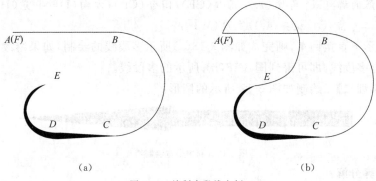

图 3-18 绘制多段线实例

绘图步骤分解:

命令: **PLINE** ↙   //输入多段线命令

指定起点: **20,100** ↙   //输入 A 点坐标

当前线宽为 0.0000

指定下一个点或〔圆弧(A)/半宽(H)/长度(L)/放弃(U)/宽度(W)〕: **100,100** ↙

　　　　　　　　　　　　　　　　　　　　　　　　//输入 B 点坐标

指定下一点或〔圆弧(A)/闭合(C)/半宽(H)/长度(L)/放弃(U)/宽度(W)〕: **A** ↙

　　　　　　　　　　　　　　　　　　　　　　　　//改为圆弧模式

指定圆弧的端点或〔角度(A)/圆心(CE)/闭合(CL)/方向(D)/半宽(H)/直线(L)/半径(R)/第二个点(S)/放弃(U)/宽度(W)〕: **100,20** ↙

　　　　　　　　　　　　　　　　　　　　//输入 C 点坐标,绘制圆弧 BC

指定圆弧的端点或〔角度(A)/圆心(CE)/闭合(CL)/方向(D)/半宽(H)/直线(L)/半径(R)/第二个点(S)/放弃(U)/宽度(W)〕: **W** ↙   //改变线宽

指定起点宽度 ＜0.0000＞: **0** ↙   //起始线宽为 0

指定端点宽度 ＜0.0000＞: **3** ↙   //终止线宽为 3

指定圆弧的端点或[角度(A)/圆心(CE)/闭合(CL)/方向(D)/半宽(H)/直线(L)/半径(R)/第二个点(S)/放弃(U)/宽度(W)]:**L**↙　　　　//改为直线模式

指定下一点或[圆弧(A)/闭合(C)/半宽(H)/长度(L)/放弃(U)/宽度(W)]:**50, 20**↙

　　　　　　　　　　　　　　　　　　　　　　　　//输入 D 点坐标

指定下一点或[圆弧(A)/闭合(C)/半宽(H)/长度(L)/放弃(U)/宽度(W)]:**A**↙

　　　　　　　　　　　　　　　　　　　　　　　　//改为圆弧模式

指定圆弧的端点或[角度(A)/圆心(CE)/闭合(CL)/方向(D)/半宽(H)/直线(L)/半径(R)/第二个点(S)/放弃(U)/宽度(W)]:**W**↙　　　　//改变线宽

指定起点宽度 <3.0000>:↙　　　　　　　　//起始线宽为 3

指定端点宽度 <3.0000>:**0**↙　　　　　　　//终止线宽为 0

指定圆弧的端点或[角度(A)/圆心(CE)/闭合(CL)/方向(D)/半宽(H)/直线(L)/半径(R)/第二个点(S)/放弃(U)/宽度(W)]:**50,60**↙　　//输入 E 点坐标

指定圆弧的端点或[角度(A)/圆心(CE)/闭合(CL)/方向(D)/半宽(H)/直线(L)/半径(R)/第二个点(S)/放弃(U)/宽度(W)]:

在该提示下直接回车,则完成如图 3-18(a)所示多段线的绘制,如果继续输入"CL"并回车,则闭合多段线,即可得到图 3-18(b) 所示的多段线。

【课堂实训二】　绘制如图 3-19 所示的图形。

图 3-19　利用半宽绘制箭头

绘图步骤分解:

命令:PLINE↙

指定起点:在绘图区单击一点　　　　　　　　　　　//指定多段线起点

当前线宽为 0.0000

指定下一个点或[圆弧(A)/半宽(H)/长度(L)/放弃(U)/宽度(W)]:**W**↙

指定起点宽度 <0.0000>:**5**↙

指定端点宽度 <5.0000>:**<正交 开>**↙

指定下一个点或[圆弧(A)/半宽(H)/长度(L)/放弃(U)/宽度(W)]:**60**↙

　　　　　　　　　　　　　　　　　　　　　　//指定多段线长度为 60

指定下一点或[圆弧(A)/闭合(C)/半宽(H)/长度(L)/放弃(U)/宽度(W)]:**W**↙

指定起点宽度 <5.0000>:**8**↙

指定端点宽度 <8.0000>:**0**↙

指定下一点或[圆弧(A)/闭合(C)/半宽(H)/长度(L)/放弃(U)/宽度(W)]:**50**↙

　　　　　　　　　　　　　　　　　　　　　　//指定多段线长度为 50

指定下一点或[圆弧(A)/闭合(C)/半宽(H)/长度(L)/放弃(U)/宽度(W)]:↙

　　　　　　　　　　　　　　　　　　　　　　//结束命令

项目七　样条曲线的绘制

 项目目标

样条曲线命令可以通过指定坐标点来创建样条曲线,可以通过使起始点与端点重合来封闭样条曲线。本项目的目标是:掌握样条曲线的绘制。

 知识点

样条曲线的绘制。

1.启动命令

● 绘图工具栏: 。

● 下拉菜单:[绘图]→[样条曲线]。

● 命令:SPLINE(SPL)↙。

2.绘制样条曲线时各选项的含义

输入样条曲线命令时,系统给出下面的提示选项:

指定第一个点或[方式(M)/节点(K)/对象(O)]:

(1)指定第一个点:该默认选项提示用户确定样条曲线的起始点。

(2)方式(M):控制是使用拟合点还是使用控制点来创建样条曲线。

(3)节点(K):指定节点参数化,它是一种计算方法,用来确定样条曲线中连续拟合点之间的零部件曲线如何过渡。

(4)对象(O):用于选择一条进行了样条拟合的多段线,将其转变成样条曲线。

确定样条曲线的第二点后,系统显示如下选项:

输入下一个点或[端点相切(T)/公差(L)/放弃(U)/闭合(C)]:

(1)输入下一个点:提示输入下一个经过点。如果输入经过点,则上述提示反复出现,直到回车结束。

(2)端点相切(T):指定在样条曲线终点的相切条件。

(3)公差(L):指定样条曲线可以偏离指定拟合点的距离。公差值 0(零)要求生成的样条曲线直接通过拟合点。公差值适用于所有拟合点(拟合点的起点和终点除外),始终具有为 0(零)的公差。

(4)放弃(U):删除最后一个指定点。

(5)闭合(C):将生成闭合的样条曲线,并享有相同的切向。

【课堂实训】 绘制图 3-20 所示的图形。

图 3-20　绘制样条曲线实例

绘图步骤分解:

单击绘图工具栏～按钮,启动样条曲线命令,AutoCAD 提示:

命令:_spline

当前设置:方式=拟合　节点=弦

指定第一个点或[方式(M)/节点(K)/对象(O)]:<对象捕捉 开>单击 *A* 点

　　　　　　　　　　　　　　//*A* 点作为样条曲线的第一点

输入下一个点或[起点切向(T)/公差(L)]:单击 *B* 点附近的点

输入下一个点或[端点相切(T)/公差(L)/放弃(U)/闭合(C)]:单击 *C* 点附近的点

输入下一个点或[端点相切(T)/公差(L)/放弃(U)/闭合(C)]:单击 *D* 点

输入下一个点或[端点相切(T)/公差(L)/放弃(U)/闭合(C)]:T↙

　　　　　　　　　　　　　　//回车选择端点切向

指定端点切向:移动光标,改变曲线的起点的切线方向

　　　　　　　　　　　　　　//使曲线形状达到令人满意的效果

至此,图形中样条曲线绘制完成。之后利用直线命令完成全图的绘制。

项目八　图案填充的使用和编辑

项目目标

图形的填充分成图案填充和渐变色填充,图案填充是填充图形的剖面图案,如剖面、断面或表现图形材质等。掌握好图形填充的操作,能很好地表达机械图形中的各种面特征。本项目的目标是:掌握图形填充的操作。

知识点

图案填充的使用和编辑。

1. 启动命令

● 绘图工具栏：▦。

● 下拉菜单：[绘图]→[图案填充]。

● 命令：**BHATCH(BH 或 H)**↙。

2. 填充选定对象的步骤

(1)启动图案填充命令，在打开的"图案填充和渐变色"对话框中单击"添加：选择对象"按钮。

(2)指定要填充的对象，对象不必构成闭合边界，也可以指定任何不应被填充的弧物体。

(3)设置相关选项，单击"确定"按钮。

3."图案填充和渐变色"对话框选项说明

(1)"图案填充"选项卡(图 3-21)

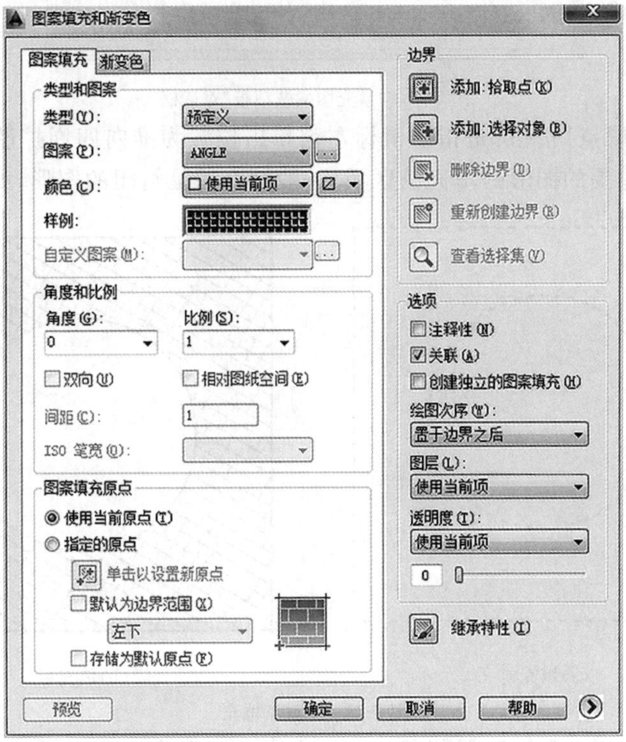

图 3-21 "图案填充和渐变色"对话框(一)

①"类型和图案"选项组：用于设置图案填充的类型和样式，单击"图案"选项框后面的[...]按钮，可打开如图 3-22 所示的"填充图案选项板"对话框，在此可选择填充的图案样式。

图 3-22 "填充图案选项板"对话框

②"添加:拾取点"按钮:是指以鼠标左键单击位置为准向四周扩散,遇到线形就停,所有显示为虚线包围的图形是填充的区域,一般填充的是封闭的图形,如图 3-23 所示。

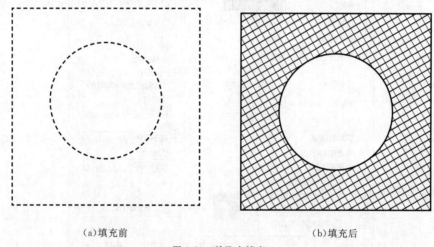

(a)填充前   (b)填充后

图 3-23 拾取点填充

③"添加:选择对象"按钮:是指鼠标左键击中的图形为填充区域,一般用于不封闭的图形。

④"继承特性"按钮:将图案的类型、角度和比例完全一致地复制到另一填充区域内。

⑤"关联"复选框:勾选该选项,则填充图案与边界具有关联性,当调整图案的边界时,填充图案会随之调整。例如,填充图形中有障碍图形的,当删除障碍图形时,障碍图形内的空白位置被填充图案自动修复 ,如图 3-24 所示。

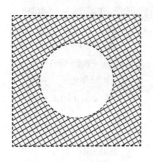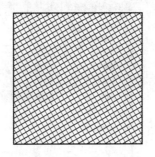

(a)有障碍图形　　　　　　　(b)删除障碍图形

图 3-24 关联填充

⑥"角度和比例"选项组:用于设置用户定义类型的图案填充的角度和比例等参数。

🔔**注意**

比例大小要适当,过大过小都会造成无法填充。

(2)渐变色选项卡(图 3-25)

该选项卡用于在填充区域设置具有渐变效果的颜色进行填充,如图3-26 所示。

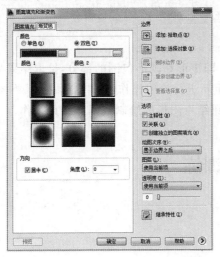

图 3-25 "渐变色"选项卡　　　　　　图 3-26 渐变色

【课堂实训】 绘制图 3-27 所示的图形。

绘图步骤分解:

● 绘图工具栏:▨。

● 下拉菜单:[绘图]→[图案填充]。

● 命令:**BHATCH(BH/H)**↙。

进行上述任一操作后,输入"T"回车,打开"图案填充和渐变色"对话框,如图 3-28 所示。在对话框中对各选项进行如图 3-28 所示设置。单击"添加:拾取点"按钮▨,对话框消失,命令行提示:

选择内部点或[选择对象(S)/删除边界(B)]:

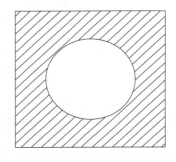

图 3-27 图案填充实例

图 3-28　"图案填充和渐变色"对话框(二)

在此提示下单击要填充图案的封闭区域,即矩形和圆形包围的部分,拾取结果如果不符合要求,则输入"U"回车放弃本次拾取,可重新进行拾取操作;如果结果符合要求,则单击鼠标右键确认,回到对话框,单击"确定"按钮结束图形的绘制或回车结束操作。

单元训练

1. 按要求在适当位置绘制图形。

(1)多线段(图 3-29)

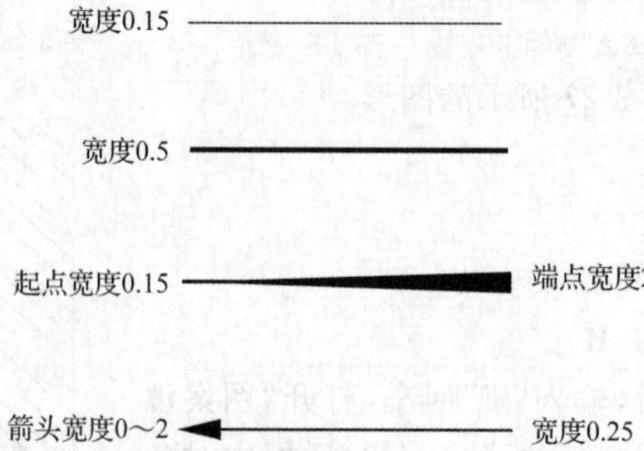

宽度0.15 ————————

宽度0.5 ————————

起点宽度0.15 ————————— 端点宽度2

箭头宽度0~2 ◀———————— 宽度0.25

图 3-29

（2）多线段绘制双向箭头（图 3-30）

A点宽度0，B点宽度10，AB=10
BC段宽度为5，BC=20
C点宽度10，D点宽度0，CD=10

图 3-30

（3）圆（图 3-31）

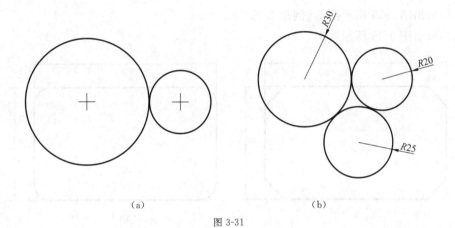

（a）　　　　　　　　　（b）

图 3-31

（4）正多边形（图 3-32）

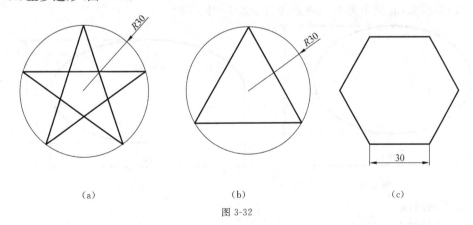

（a）　　　　　　　（b）　　　　　　　（c）

图 3-32

2.按要求绘制矩形。

(1)画出图 3-33 所示图形(线宽为 0.5)

(2)画出图 3-34 所示图形(线宽为 2)

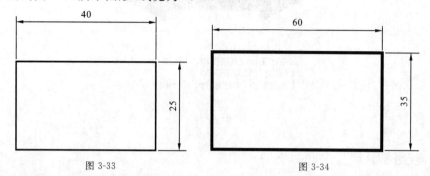

图 3-33   图 3-34

(3)画出图 3-35 所示图形(倒角 C 为 5)

(4)画出图 3-36 所示图形

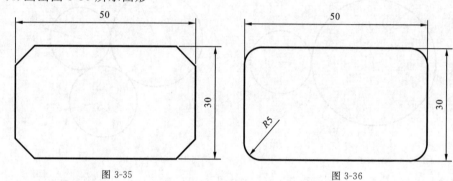

图 3-35   图 3-36

3.按要求绘制椭圆。

(1)椭圆(图 3-37)

(2)椭圆弧(起始角为 90°,终止角为 360°)(图 3-38)

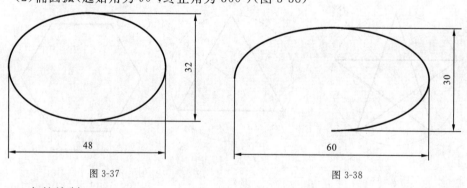

图 3-37   图 3-38

4.点的绘制。

(1)定数等分点(图 3-39)

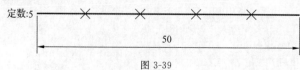

图 3-39

（2）定距等分点（图 3-40）

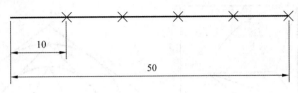

图 3-40

5.图案填充

（1）图案填充——关联（图 3-41）

（2）图案填充——不关联（图 3-42）

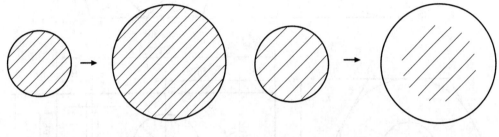

图 3-41

图 3-42

（3）图案填充——孤岛检测（图 3-43）

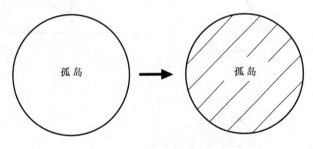

图 3-43

（4）图案填充——非孤岛检测（图 3-44）

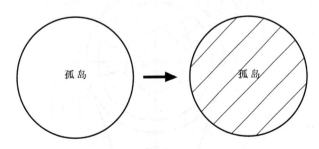

图 3-44

6.根据给定的尺寸绘制图 3-45～图 3-59 所示图形。

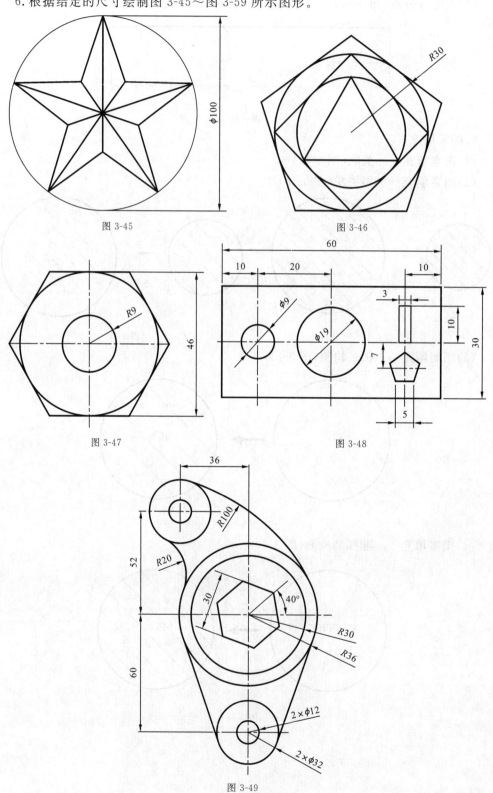

图 3-45

图 3-46

图 3-47

图 3-48

图 3-49

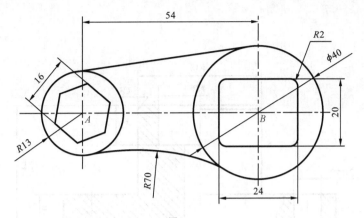

图 3-50

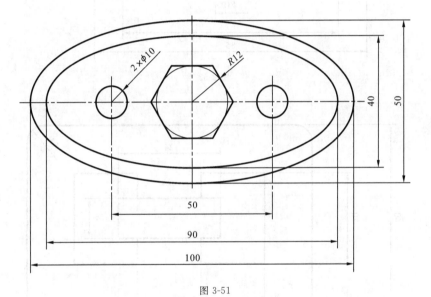

图 3-51

图 3-52

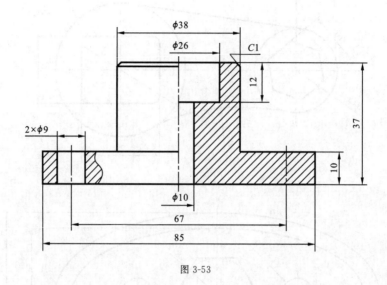

图 3-53

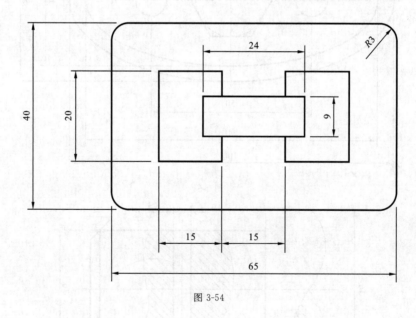

图 3-54

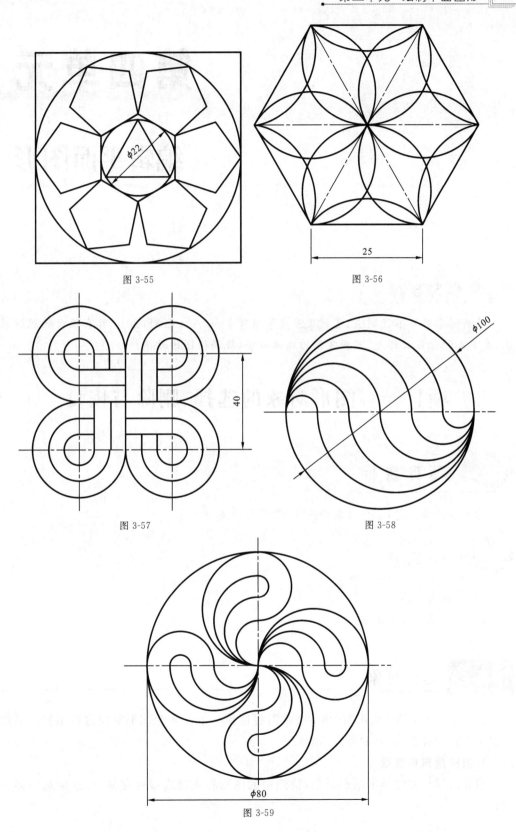

图 3-55

图 3-56

图 3-57

图 3-58

图 3-59

第四单元

编辑平面图形

 **学习目标**

绘制图形时离不开删除、复制及修剪等编辑命令，AutoCAD 2014 具有强大的编辑功能，本单元的学习目标是：掌握常用的编辑命令，提高绘图的效率。

项目一　图形对象的选择、删除与恢复

 项目目标

本项目的目标是：掌握对象的选择、删除与恢复。

 知识点

(1)对象的选择。

(2)对象的删除与恢复。

任务一　选择对象

在使用 AutoCAD 编辑图形时，经常需要选择一个或多个图形对象进行编辑。系统提供了多种选择方式，其中最常用的有：

1. 直接用鼠标拾取

直接用鼠标左键单击图形对象，被选中的图形将变成虚线并亮显，可连续选中多个对象。

2. 全部选择

在"选择对象"提示下输入"ALL"并回车,系统将自动选择当前图形的所有对象。

3. 用矩形框构造选择集

当系统提示选择对象时,用鼠标输入矩形框的两个对角点,则框内对象被选中。对角点指定顺序不同,可形成不同的选择结果。

(1)窗口方式 单击鼠标左键先指定矩形框的左角点 1,向右拖出的矩形框显示为实线。此时只有图形对象完全处在矩形框内才被选中,而位于矩形框外部或与矩形框边界相交的对象不能被选中,如图 4-1 所示。

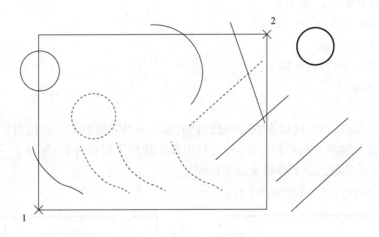

图 4-1 用窗口方式选择图形对象

(2)交叉方式:单击鼠标左键先指定矩形框的右角点 2,向左拖出的矩形框显示为虚线。此时完全处在矩形框内的图形对象和与矩形框边界相交即部分处在矩形框内的图形对象均被选中,如图 4-2 所示。

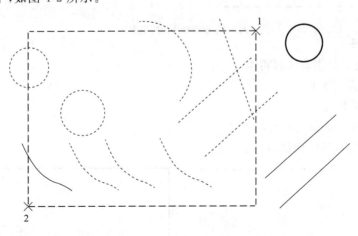

图 4-2 用交叉方式选择图形对象

任务二　删除与恢复命令

在编辑过程中经常会出现错误,当发现错误时,就要执行删除或恢复操作,下面介绍删除与恢复的操作方法。

1. 删除命令

启动命令方式如下:

● 命令:ERASE↙或 E↙。

● 下拉菜单:[修改]→[删除]。

● 修改工具栏: ✐。

启动删除命令后,系统提示:

命令:_erase

选择对象:

若要继续删除实体,可以在"选择对象:"的提示下继续选取要删除的对象;若回车,则结束选择实体并删除已选择的实体;若进行误操作使用了删除命令,删除了一些有用的实体,可用 OOPS 或取消命令将删除的实体恢复。

删除命令的应用实例如图 4-3 所示。

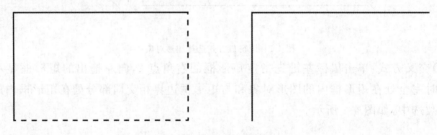

图 4-3　删除命令的应用实例

2. 恢复命令

功能:恢复误操作删除的实体。

启动命令方式如下:

● 命令:OOPS↙。

● 下拉菜单:[编辑]→[放弃]。

恢复命令的应用实例如图 4-4 所示。

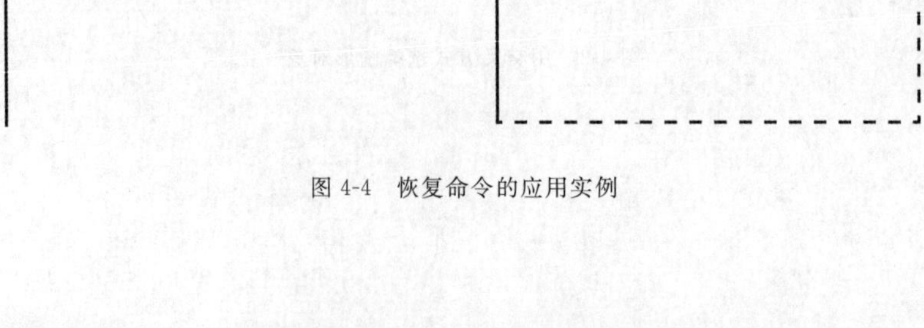

图 4-4　恢复命令的应用实例

注意

　　恢复命令只能恢复最近一次删除命令删除的实体。若连续多次使用删除命令,又想要恢复前几次删除的实体,只能使用取消命令。

项目二　复制和镜像

项目目标

　　复制和镜像是 AutoCAD 常用的修改、编辑图形的命令。本项目的目标是:掌握复制和镜像命令的使用。

知识点

　　(1)复制命令。
　　(2)镜像命令。

任务一　复制对象

　　复制对象就是在距原始位置的指定距离处创建对象的副本。

1. 启动命令

● 命令:COPY↙或 CO↙。
● 下拉菜单:[修改]→[复制]。
● 修改工具栏:📷。

2. 操作说明

命令:**COPY**↙

输入复制命令后,系统提示:

选择对象:**选择要复制的对象**

在该提示下,可连续选择要复制的对象,或者回车结束选择对象,进行后续操作。

选择对象:　　　　　　　　　　　//使用对象选择方法选择并在完成选
　　　　　　　　　　　　　　　　　择后按回车键

当前设置:复制模式＝多个

指定基点或[位移(D)/模式(O)]<位移>: //指定基点或输入选项

指定第二个点或[阵列(A)]<使用第一个点作为位移>:
　　　　　　　　　　　　　　　　//指定第二个点或输入选项

指定第二个点或[阵列(A)/退出(E)/放弃(U)]<退出>:

各选项含义如下：

(1)位移(D)：使用坐标指定相对距离和方向。指定的两点定义一个矢量，指示复制对象的放置位置离原位置有多远以及以哪个方向放置。如果在"指定第二个点或[阵列(A)]＜使用第一个点作为位移＞："提示下按回车键，则第一个点将被认为是相对 X、Y、Z 的位移。例如，如果指定基点为(2,3)，并在下一个提示下按回车键，对象将被复制到距其当前位置在 X 方向上 2 个单位、在 Y 方向上 3 个单位的位置。

(2)模式(O)：控制命令是否自动重复(COPYMODE 系统变量)。复制模式选项为单个(S)和多个(M)。

(3)阵列(A)：指定在线性阵列中排列的副本数量。

对于系统的提示，用户给出不同响应会产生不同的结果。

【课堂实训】 已知图形如图 4-5(a)所示，要求利用复制命令作出如图 4-5(b)所示图形。

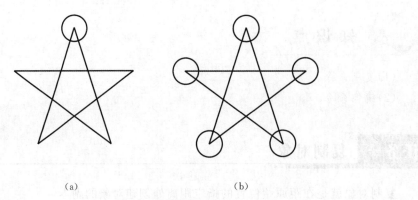

(a)　　　　　　　　　　　　　　(b)

图 4-5　复制图形实例

绘图步骤分解：

启动复制命令，AutoCAD 提示：

选择对象：**选择小圆**

选择对象：↙　　　　　　　　　　　　//回车结束选择对象

当前设置：复制模式＝多个

指定基点或[位移(D)/模式(O)]〈位移〉：**捕捉圆心点**

指定第二个点或[阵列(A)]＜使用第一个点作为位移＞：**分别捕捉五角星的另外几点**

至此，完成全图。

任务二　镜像对象

镜像对象用于复制具有对称性的图形对象。

1. 启动命令

● 命令：MIRROR ↙ 或 MI ↙。

- 下拉菜单：[修改]→[镜像]。
- 修改工具栏：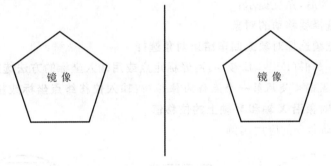。

2.操作说明

命令：**MIRROR**↙

输入镜像命令后,系统提示：

选择对象：**选择要进行镜像的对象**

选择对象：**继续选择或回车结束选择**

指定镜像线第一点：**指定镜像线的第一点**

指定镜像线的第二点＜正交 开＞：**指定镜像线的第二点**

要删除源对象吗？［是(Y)否(N)］＜N＞：　　//默认是保留源对象,键入"Y"则将源对象删除

图4-6是镜像命令的应用实例。

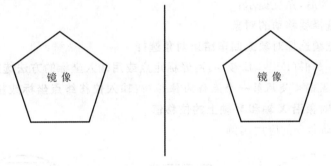

图4-6　镜像命令的应用实例

注意

镜像线是由输入的两个点确定的,镜像线不一定真实存在。

项目三　移动和旋转

 项目目标

在机械设计中,移动和旋转命令也是常用的编辑命令。本项目的目标是：掌握移动和旋转命令的使用。

 知识点

(1)移动命令。

(2)旋转命令。

任务一   移动命令

移动命令是 AutoCAD 中比较常用的命令,它可以将图形实体从一个位置移动到另一个位置。

1. 启动命令

● 命令:MOVE↙或 M↙。

● 下拉菜单:[修改]→[移动]。

● 修改工具栏:✛。

2. 操作说明

命令:**MOVE**↙

输入移动命令后,系统提示:

选择对象:**选择要移动的对象**

选择对象:**继续选择对象或回车结束对象选择**

指定基点或[位移(D)]<位移>:**用光标定点或用输入坐标的方法选定基点**

指定第二个点或<使用第一个点作为位移>:**输入位移终点坐标或按回车键以起点坐标值作为所选对象沿 X 轴和 Y 轴上的位移值**

图 4-7 是移动命令的应用实例。

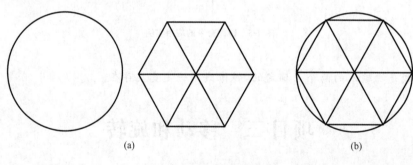

(a)   (b)

图 4-7 移动命令的应用实例

任务二   旋转命令

旋转命令用于将所选择的对象围绕指定的基点旋转一定角度。

1. 启动命令

● 命令:ROTATE↙或 RO↙。

● 下拉菜单:[修改]→[旋转]。

● 修改工具栏:↻。

2. 操作说明

命令:**ROTATE**↙

输入旋转命令后,系统提示:

UCS 当前的正角方向:ANGDIR＝逆时针 ANGBASE＝0

选择对象:**指定要旋转的对象**

选择对象:**继续指定要旋转的对象或回车结束对象选择**

指定基点:**输入旋转基点**

指定旋转角度,或[复制(C)/参照(R)]＜0＞:

在此提示下输入旋转角度有三种方法:

(1)指定旋转角度:输入对象绕基点旋转的角度。旋转轴通过指定的基点,并且平行于当前 UCS 的 Z 轴。

(2)复制(C):创建要旋转的选定对象的副本。

(3)参照(R):将对象从指定的角度旋转到新的绝对角度。旋转视口对象时,视口的边框仍然保持与绘图区域的边界平行。

执行参照(R)选项,系统提示如下信息:

指定参考角＜0＞:**输入参考角度**

指定新角度:**输入新的角度**

这时图形对象绕指定基点的实际旋转角度为:实际旋转角度＝新角度－参考角度。

图 4-8 所示为旋转命令的应用实例。

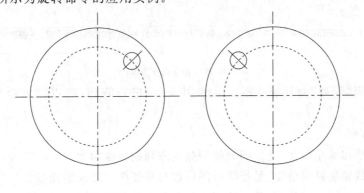

图 4-8 旋转命令的应用实例

项目四 阵列与偏移

 项 目 目 标

本项目的目标是:掌握阵列与偏移命令的使用。

知识点

(1)阵列命令。
(2)偏移命令。

任务一　阵列命令

阵列命令实际上是一种特殊的复制方法,对于快速有效地创建很多对象是非常方便的,它分为环形阵列、矩形阵列和路径阵列三种方式,本项目重点介绍前两种。

1. 启动命令

- 命令:ARRAY↙或 AR↙。
- 下拉菜单:[修改]→[阵列]→阵列子菜单命令(矩形阵列,环形阵列和路径阵列)。
- 修改工具栏:品品。

2. 操作说明

AutoCAD 2014 版本的阵列命令,执行后不再出现对话框,需要在命令行里输入相关选项,如图 4-9 所示。

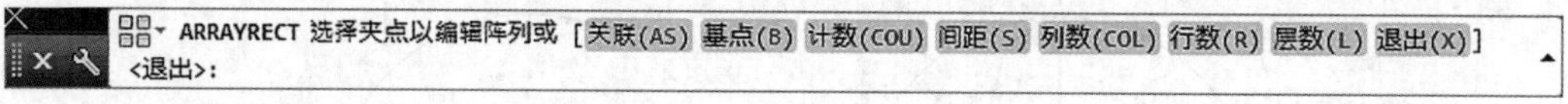

> 品品▾ **ARRAYRECT** 选择夹点以编辑阵列或 [关联(AS) 基点(B) 计数(COU) 间距(S) 列数(COL) 行数(R) 层数(L) 退出(X)]
> ×　✕ ✗ ＜退出＞:

图 4-9　阵列命令操作选项

如果想利用"阵列"对话框(图 4-10 和图 4-11)进行阵列,可以输入命令 ARRAY-CLASSIC。

(1)环形阵列

- 项目总数和填充角度:是指阵列的项数与阵列的包含角度。
- 项目总数和项目间角度:是指阵列的项数与相邻两项之间的角度。
- 填充角度和项目间角度:是指阵列的包含角度与相邻两项之间的角度。

以上三种形式,需根据具体条件选择。

图 4-12 所示为环形阵列实例。

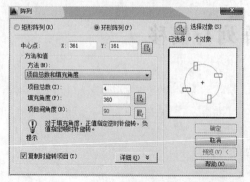

图 4-10　"阵列"对话框——环形阵列

图 4-11　"阵列"对话框——矩形阵列

（2）矩形阵列

在矩形阵列中，行偏移和列偏移有正、负之分，行偏移为正将向上阵列，为负则向下阵列；列偏移为正将向右阵列，为负则向左阵列。其正负方向符合坐标轴正负方向

图 4-13 所示为矩形阵列实例。

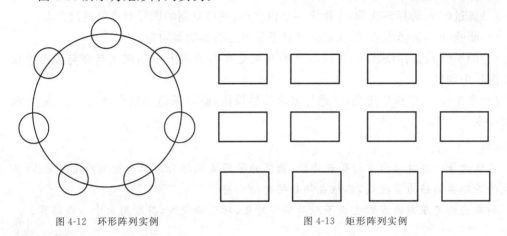

图 4-12　环形阵列实例　　　　　　　　　　图 4-13　矩形阵列实例

任务二　偏移对象

偏移对象是对图形进行复制，并将复制的图形对象同心偏移一定距离，如图 4-14 所示。

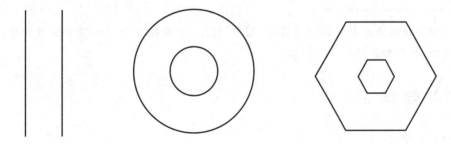

图 4-14　偏移对象应用实例

1. 启动命令

● 命令：OFFSET ↙ 或 O ↙。

● 下拉菜单：[修改]→[偏移]。

● 修改工具栏：⚎。

2. 操作说明

命令：**O** ↙

启动偏移命令后，系统提示：

当前设置：删除源＝否　图层＝源　OFFSETGAPTYPE＝0

指定偏移距离或[通过(T)/删除(E)/图层(L)]＜通过＞：

选择要偏移的对象，或[退出(E)/放弃(U)]＜退出＞：

指定要偏移的那一侧上的点,或[退出(E)/多个(M)/放弃(U)]<退出>:

偏移命令是一个对一个单一对象的编辑命令,只能通过直接选取方式选择对象。若是通过指定偏移距离的方式来复制对象,偏移距离必须大于0。

各选项含义如下:

(1)通过(T):选择该选项,可指定一个偏移点,偏移复制的图形对象将通过此点。

(2)删除(E):选择该选项,可以选择在偏移后是否删除源对象。

(3)图层(L):选择该选项,可指定新的对象是在当前图形中创建还是在与源对象相同的图层中创建。

(4)多个(M):选择该选项,可进行多次偏移操作,而无须退出该命令,而且偏移方向可以改变。

注意

直线的等距离偏移为平行等长线段;圆弧的等距离偏移为圆心角相同的同心圆弧;多段线的等距离偏移为多段线,其组成部分将自动调整。

如果用给定距离的方式生成等距离偏移对象,对于多段线,其距离按中心线计算。

项目五 修剪、延伸、打断与合并

项目目标

AutoCAD的修改命令还包括修剪、延伸、打断、合并等命令。本项目的目标是:掌握修剪、延伸、打断和合并命令的使用。

知识点

(1)修剪命令。

(2)延伸命令。

(3)打断命令。

(4)合并命令。

任务一 修剪对象

以选定的一个或多个实体作为裁剪边,修剪过长的直线或圆弧等,使被切实体在与修剪边交点处被切断并删除。

1.启动命令

● 命令:TRIM↙。

● 下拉菜单:[修改]→[修剪]。

● 修改工具栏:✦。

2. 操作说明

命令:**TRIM**↙

输入修剪命令后,系统提示:

当前设置:投影＝UCS 边＝无

选择剪切边…

选择对象或＜全部选择＞:**用各种对象选择方法指定剪切边界**

选择对象:**继续选择或回车结束对象选择**

选择要修剪的对象,或按住 Shift 键选择要延伸的对象,或[栏选(F)/窗交(C)/投影(P)/边(E)/删除(R)/放弃(U)]:**对对象进行修剪**

各选项含义如下:

(1)选择要修剪的对象:默认选项。用指定点选取被修剪对象的被修剪部分。

(2)按住 Shift 键选择要延伸的对象:延伸选定对象而不是修剪它们。此选项提供了一种在修剪和延伸之间切换的简便方法。

(3)栏选(F):选择与选择栏相交的所有对象。选择栏是一系列临时线段,它们是用两个或多个栏选点指定的。选择栏不构成闭合环。

(4)窗交(C):选择矩形区域(由两点确定)内部或与之相交的对象。

(5)投影(P):确定执行修剪的空间。

(6)边(E):确定修剪方式是直接相交还是延伸相交。

(7)删除(R):删除选定的对象。此选项提供了一种用来删除不需要的对象的简便方式,而无须退出 TRIM 命令。

(8)放弃(U):撤销由 TRIM 命令所做的最近一次更改。

图 4-15 所示为修剪对象应用实例。

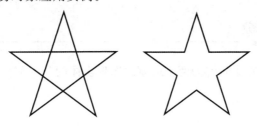

图 4-15 修剪对象应用实例

任务二 延伸对象

延伸对象用于将指定的对象延伸到指定的边界上,延伸对象包括圆弧、椭圆弧、直线等非封闭的线。

1.启动命令

● 命令:EXTEND✓或 EX✓。

● 下拉菜单:[修改]→[延伸]。

● 修改工具栏:⌐╱。

2.操作说明

命令:EXTEND✓

输入延伸命令后,系统提示:

当前设置:投影=UCS 边=无

选择边界的边 …

选择对象或<全部选择>:**选择边界边**

选择对象:**继续选取或回车结束选取**

选择要延伸的对象,或按住 Shift 键选择要修剪的对象,或[栏选(F)/窗交(C)/投影(P)/边(E)/放弃(U)]:

此命令的提示选项功能与修剪命令的提示选项相似,此处不再赘述。

图 4-16 所示为延伸对象应用实例。

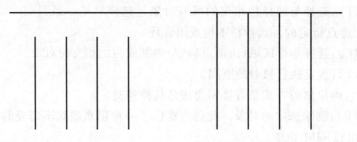

图 4-16   延伸对象应用实例

任务三   打断对象

功能:将一个图形实体分解为两个或删除图形实体的某一部分。

1.启动命令

● 命令:BREAK✓。

● 下拉菜单:[修改]→[打断]。

● 修改工具栏:▱。

2.操作说明

命令:BREAK✓

输入打断命令后,系统提示:

选择对象:

指定第二个打断点或[第一点(F)]:

此时,可有如下几种操作方式:

- 若直接选取对象上的一点,则将对象上所选取的两点之间的那部分实体删除;
- 若键入@↙,则将对象在选取点一分为二;
- 若在对象外面的一端的方向上选取一点,则把两个点之间的那部分删除;
- 若键入 F↙,系统提示:

选取第一点:

选取第二点:

按提示操作,将对象上所选取的两点之间的那部分删除。

图 4-17 所示为打断对象应用实例。

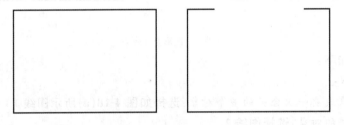

图 4-17 打断对象应用实例

🐞**注意**

在对圆执行此命令时,AutoCAD 将圆上第一个拾取点与第二个拾取点之间沿逆时针方向的圆弧删除。

任务四 合并对象

合并对象是将同类的多个对象合并为一个对象,即将位于同一条直线上的两条或多条直线合并为一条直线,将同心、同半径的多个圆弧(椭圆弧)合并为一个圆弧或整圆(椭圆),或将一条多线段和与其首尾相连的一条或多条直线、多线段、圆弧或样条曲线合并在一起。

1.启动命令

- 命令:JOIN↙。
- 下拉菜单:[修改]→[合并]。
- 修改工具栏: ➼ 。

2.操作说明

命令:**JOIN**↙

输入合并命令后,系统提示:

选择源对象或要一次合并的多个对象:

选取源对象时,应注意:

- 源对象为一条直线时,直线对象必须共线(位于同一无限长的直线上),但是它们之间可以有间隙。
- 源对象为一条开放的多段线时,对象可以是直线、多段线或圆弧,对象之间不能有间隙,并且必须位于与 UCS 的 *XY* 平面平行的同一平面上。

● 源对象为一条圆弧时,圆弧对象必须位于同一假想的圆上,但是它们之间可以有间隙。

● 源对象为一条椭圆弧时,椭圆弧必须位于同一椭圆上,但是它们之间可以有间隙。

● 源对象为一条开放的样条曲线时,样条曲线对象必须位于同一平面内,并且必须首尾相邻(端点到端点放置)。

【课堂实训】 将图 4-18(a)所示的三段直线合并为一段直线,如图 4-18(b)所示。

　　(a)　　　　　　　　　　　　　　　　　　　(b)

图 4-18　图形合并效果

操作步骤如下:

命令:JOIN↙

选择源对象或要一次合并的多个对象:**选择如图 4-18(a)所示图线 1**

选择要合并的对象:**选择图线 2**

选择要合并的对象:**选择图线 3**

选择要合并的对象:**回车或单击鼠标右键将两条直线合并到源**

注意

合并两条或多条椭圆弧时,将从源对象开始按递时针方向合并椭圆弧。

项目六　缩放、拉伸与拉长

项目目标

本项目的目标是:掌握缩放命令、拉伸命令、拉长命令的使用。

知识点

(1)缩放命令。
(2)拉伸与拉长命令。

任务一　缩放命令

　　缩放对象是将选择的图形对象按给定比例进行缩放变换,缩放对象实际改变了图形的尺寸。使用缩放命令时需要指定一个基点,该基点在图形缩放时不移动也不修改。缩放对象后默认为删除原图,也可以设定保留原图。

1. 启动命令

● 命令:SCALE↙或 SC↙。

● 下拉菜单:[修改]→[比例]。

● 修改工具栏: 🔲。

2. 操作说明

命令:**SCALE**↙

输入缩放命令后,系统提示:

选择对象:**指定被缩放的对象**

选择对象:**继续选择或回车结束对象选择**

指定基点:**指定不动的基准点**

指定比例因子或[复制(C)/参照(R)]:**输入缩放比例因子或键入其他选项**

各选项含义如下:

● 指定比例因子:指定图形放大或缩小的倍数。该值小于1时,图形缩小;大于1时,图形放大。用户可以直接输入数值,也可以通过移动光标来指定。

● 复制(C):创建要缩放的选定对象的副本。

● 参照(R):根据用户指定的参照长度和新长度计算出缩放比例因子,对图形进行缩放。如果新长度大于参照长度,则图形被放大;否则,图形被缩小。

【**课堂实训**】 对图 4-19(a)所示的图形进行缩放,结果如图 4-19(b)所示。

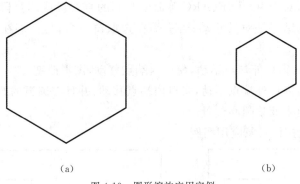

(a)　　　　　　　　　　　　　　(b)

图 4-19　图形缩放应用实例

操作步骤如下:

命令:**SCALE**↙

选择对象:**指定图 4-19(a)所示的要缩放的正六边形**

选择对象:↙　　　　　　　　　　　　　//结束对象选择

指定基点:**捕捉中心点**

指定比例因子或[复制(C)/参照(R)]:**0.5**↙

至此,完成图形缩放,结果如图 4-19(b)所示。

任务二 拉伸对象

拉伸图形中指定部分,使图形沿某个方向改变尺寸,但保持与原图中不动部分的连接。

1. 启动命令

● 命令:STRETCH ↙或 S↙。

● 下拉菜单:[修改]→[拉伸]。

● 修改工具栏:⬚。

2. 操作说明

命令:**STRETCH** ↙

输入拉伸命令后,系统提示:

以交叉窗口或交叉多边形选择要拉伸的对象...

选择对象:**用 C 或 CP 方式选取被拉伸的图形对象**

选择对象:**继续选择或回车结束对象选择**

指定基点或[位移(D)]<位移>:**输入位移起点坐标**

指定第二个点或<使用第一个点作为位移>:**输入位移终点坐标或按回车键以起点坐标作为位移值**

在选取对象时,对于由 LINE、ARC 等命令绘制的直线段或圆弧段,若其整个对象均在窗口内,则执行的结果是对其移动;若一端在选取窗口内,另一端在外,则有以下拉伸规则:

● 直线(LINE):窗口外端点不动,窗口内端点移动,图形改变。

● 圆弧(ARC):窗口外端点不动,窗口内端点移动,并且在圆弧的改变过程中,圆弧的弦高保持不变,由此来调整圆心位置。

图 4-20 所示为拉伸对象应用实例。

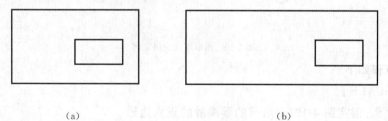

　　　　(a)　　　　　　　　　　　　　　　　(b)

图 4-20　拉伸对象应用实例

任务三 拉长命令

功能:改变直线的长度或圆弧的圆心角。

1.启动命令

● 命令:LENGTHEN↙ 或 LEN↙。

● 下拉菜单:[修改]→[拉长]。

● 修改工具栏: 。

2.操作说明

命令:**LENGTHEN**↙

输入拉长命令后,系统提示:

选择对象或[增量(DE)/百分数(P)/全部(T)/动态(DY)]:

各选项意义如下:

● 增量(DE):该选项表示通过指定增量来改变选定对象。选择此选项并回车后系统提示:

输入长度增量或[角度(A)]<0.0000>:

在该提示下输入长度值或角度值,增量是从离拾取点最近的对象端点开始量取的,正值表示加长,负值表示缩短。

● 百分数(P):该选项表示通过指定百分比来改变选定对象。

● 全部(T):该选项表示要用户指定所选对象从固定端开始的新长度或角度。

● 动态(DY):动态拖动所选对象。离拾取点较近的一端被拖动到新的位置,另一端不变。

图 4-21 所示为拉长命令应用实例。

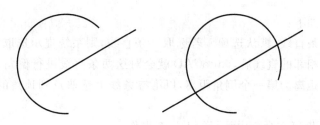

图 4-21　拉长命令应用实例

项目七　倒角和圆角

 项目目标

在 AutoCAD 中倒角命令和圆角命令是常用的编辑命令。本项目的目标是:掌握倒角命令和圆角命令的使用。

知识点

(1)倒角命令。

(2)圆角命令。

任务一　倒角

功能:在两条不平行的直线间生成直线倒角。

1.启动命令

● 命令:CHAMFER↙或CHA↙。

● 下拉菜单:[修改]→[倒角]。

● 修改工具栏:◿。

2.操作说明

命令:CHAMFER↙

输入倒角命令后,系统提示:

("修剪"模式)当前倒角距离 1=0.0000,距离 2=0.0000

选择第一条直线或[放弃(U)/多段线(P)/距离(D)/角度(A)/修剪(T)/方式(E)/多个(M)]:

各选项含义如下:

● 选择第一条直线:默认选项。若选取一条直线,则系统提示选取第二条直线,此时用户选取另一条相邻的直线后,AutoCAD 就会对这两条直线进行倒角,并以第一条线上选取点到顶角的距离为第一个倒角距离,以第二条线上选取点到顶角的距离作为第二个倒角距离。

● 放弃(U):恢复在命令中执行的上一个操作。

● 多段线(P):用默认的倒角距离对整条多段线的各个顶角进行倒角,如图 4-22所示。

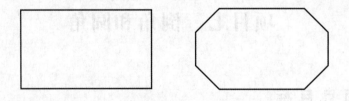

图 4-22　对多线段进行倒角

● 距离(D):确定倒角时的倒角距离。

● 角度(A):根据一个倒角距离和一个角度进行倒角。

● 修剪(T):确定倒角时是否对相应的倒角边进行修剪,如图 4-23 所示。

- 方式(E):控制 CHAMFER 使用两个距离还是一个距离和一个角度来创建倒角。
- 多个(M):为多组对象的边倒角。

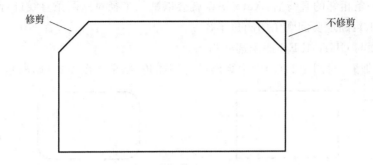

图 4-23 修剪与不修剪倒角边的效果

【课堂实训】 完成图 4-22 所示操作,对矩形进行倒角。

操作步骤如下:

命令:CHAMFER ↙

("修剪"模式)当前倒角距离 1＝0.0000,距离 2＝0.0000

选择第一条直线或［放弃(U)/多段线(P)/距离(D)/角度(A)/修剪(T)/方式(E)/多个(M)］:**D** ↙　　　　　　　　　//系统默认的倒角距离为 0,需对它进行修改

指定第一个倒角距离 ＜10.0000＞: **5** ↙

指定第二个倒角距离 ＜5.0000＞:↙

选择第一条直线或［放弃(U)/多段线(P)/距离(D)/角度(A)/修剪(T)/方式(E)/多个(M)］:**P** ↙　　　　　　　　　//选择多段线选项

选择二维多段线或［距离(D)/角度(A)/方法(M)］:**选择矩形**

　　　　　　　　　　　//4 个倒角已完成

至此,完成图形。

任务二　圆角命令

功能:用光滑圆弧平滑连接两个实体。

1.启动命令

- 命令:FILLET ↙ 或 F ↙。
- 下拉菜单:［修改］→［圆角］。
- 修改工具栏:◻。

2.操作说明

命令:**FILLET** ↙

输入圆角命令后,系统提示:

当前设置:模式 ＝ 修剪,半径 ＝10.0000

选择第一个对象或［放弃(U)/多段线(P)/半径(R)/修剪(T)/多个(M)］:

各选项含义如下:

● 选择第一个对象:默认选项。若选取一条直线,则系统提示选取第二条直线,此时用户选取另一条相邻的直线后,AutoCAD 就会以默认半径对这两条直线进行倒圆角。

● 半径(R):确定要倒圆角的圆角半径。

其他选项与 CHAMFER 命令选项相同。

【课堂实训】 对图 4-24(a)所示矩形进行倒圆角,结果如图 4-24(b)所示。

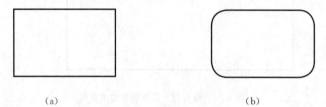

(a)   (b)

图 4-24 圆角命令的应用

操作步骤如下:

命令:**FILLET** ↙

当前设置:模式 = 修剪,半径 = 0.0000   //提示当前倒圆角模式及圆角半径值

选择第一个对象或 [放弃(U)多段线(P)/半径(R)/修剪(T)/多个(M)]:**R** ↙

                                //系统此时默认的半径值为 0,需对它进行修改

指定圆角半径 <0.0000>:**5** ↙   //输入圆角半径值为 5

选择第一个对象或 [放弃(U)/多段线(P)/半径(R)/修剪(T)/多个(M)]:**P** ↙

                                //选择多段线选项

选择二维多段线或[半径(R)]:**单击矩形**   //4 条直线已被倒圆角

至此,图形倒圆角完成。

项目八   平面图形综合实例

 ## 项目目标

本项目通过两个任务的实例训练,使学生进一步熟练掌握前面所学的图形绘制命令和图形编辑命令。第一个任务的目的在于使学生掌握绘制平面图形的方法和步骤;第二个任务的目的在于使学生掌握三视图的绘制方法、步骤和技巧。

 ## 知识点

(1)基本绘图命令、编辑命令、环境设置和图层管理知识。

(2)平面图形及三视图的绘制方法、步骤和技巧。

任务一 绘制吊钩

绘制图 4-25 所示的吊钩。

绘制平面图形时,首先应该对图形进行线段分析和尺寸分析,根据定形尺寸和定位尺寸,判断出已知线段、中间线段和连接线段,按照先绘制已知线段,再绘制中间线段,后绘制连接线段的绘图顺序完成图形。

通过绘制图 4-25 所示的吊钩图形,训练直线、圆、圆弧、偏移命令以及修剪、倒角、圆角命令的使用方法,以及含有连接弧的平面图形的绘制方法,提高绘图速度。

图形分析:

要绘制该图形,应首先分析线段类型。

已知线段:钩柄部分的直线和钩子弯曲中心部分的 $\phi24$、$R29$ 圆弧;

中间线段:钩尖部分的 $R24$、$R14$ 圆弧;

连接线段:钩尖部分圆弧 $R2$、钩柄部分过渡圆弧 $R24$、$R36$。

设置绘图环境,包括图纸界限、图层(线型、颜色、线宽)等的设置。按图 4-25 所给的图形尺寸,图纸应设置为 A4(210×297),竖放,图层至少包括中心线层、轮廓线层、尺寸线层(暂时不用,可不用设置)等。

本例中的绘图基准是图形的中心线,然后使用圆命令绘制出各个圆,再用修剪命令完成图形。

绘图步骤分解:

1.新建一张图纸,按该图形的尺寸,图纸大小应设置成 A4,竖放,因此图形界限设置为 210×297。

2.显示图形界限

单击"全部缩放"按钮,图形栅格的界限将填充当前视口。或者在命令行窗口输入 Z,回车,再输入 A,回车。

3.设置对象捕捉

在状态栏的"对象捕捉"按钮上单击鼠标右键,在弹出的快捷菜单中选择"设置"命令,系统弹出"草图设置"对话框,在"对象捕捉"选项卡中选择"交点""切点""圆心""端点",并启用对象捕捉,单击"确定"按钮。

4.设置图层

按图形要求,打开"图层特性管理器"对话框,设置轮廓线层、中心线层和尺寸线层,颜色、线型和线宽设置见表 4-1。

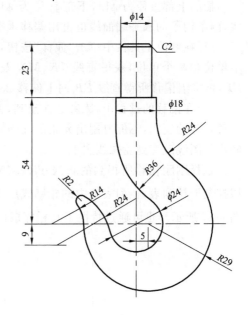

图 4-25 吊钩

表 4-1   设置的图层

图层名	颜色	线型	线宽
轮廓线	白色	Continuous	线宽为 0.5 mm
中心线	红色	CENTER	线宽默认
尺寸线	品红	Continuous	线宽默认

5. 绘制中心线

（1）选择图层

通过图层工具栏，将中心线层设置为当前层。单击图层工具栏图层列表后的下拉按钮，在中心线层上单击，则中心线层置为当前层。

（2）绘制垂直中心线 AB 和水平中心线 CD

打开正交功能，调用直线命令，在屏幕中上部单击，确定 A 点，绘制出垂直中心线 AB。在合适的位置绘制出水平直线 CD，如图 4-26 所示。

6. 绘制吊钩柄部直线

柄的上部直径为 $\phi 14$，下部直径为 $\phi 18$，可以用中心线向左右偏移的方法获得轮廓线，两条钩子的水平端面线也可用偏移水平中心线的方法获得。

（1）在修改工具栏中单击"偏移"按钮，调用偏移命令，将直线 AB 分别向左、右偏移 7 个单位和 9 个单位，获得直线 JK、MN 及 QR、OP；将 CD 向上偏移 54 个单位获得直线 EF，再将刚偏移所得直线 EF 向上偏移 23 个单位，获得直线 GH。

（2）在偏移的过程中，读者会注意到，偏移所得到的直线均为点画线，因为偏移实质是一种特殊的复制，不但复制出元素的几何特征，同时也会复制出元素的特性。因此要将复制出的图线改变到轮廓线层上。

选择刚刚偏移所得到的直线 JK、MN、QR、OP、EF、GH，然后打开图层工具栏中图层控制下拉列表，在列表框中的轮廓线层上单击，再按 Esc 键，完成图层的转换。结果如图 4-27 所示。也可通过特性工具栏完成图层的转换。

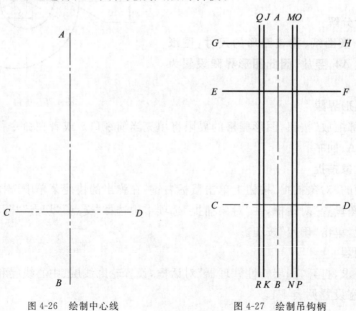

图 4-26   绘制中心线   图 4-27   绘制吊钩柄

7. 修剪图线至正确长短

（1）在修改工具栏中单击"倒角"按钮，调用倒角命令，设置当前倒角距离 1 和 2 的值均为 2 个单位，将直线 GH 与 JK、MN 倒 45°角。再设置当前倒角距离 1 和 2 的值均为 0，将直线 EF 与 QR、OP 倒直角。完成的图形如图 4-28 所示。

（2）在修改工具栏中单击"修剪"按钮，调用修剪命令，以 EF 为剪切边界，修剪掉 JK 和 MN 直线的下部。完成图形如图 4-29 所示。

（3）调整线段的长短

在修改工具栏中单击"打断"按钮，调用打断命令，将 QR、OP 直线下部剪掉。也可用夹点编辑方法调整线段的长短。完成图形如图 4-29 所示。

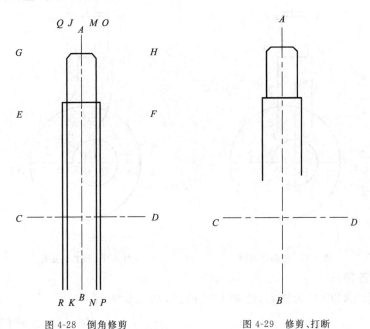

图 4-28 倒角修剪　　　　　图 4-29 修剪、打断

8. 绘制已知线段

（1）将轮廓线层作为当前层，调用直线命令，启动对象捕捉功能，绘制直线 ST。

（2）调用圆命令，以直线 AB、CD 的交点 O_1 为圆心，绘制直径为 $\phi24$ 的已知圆。

（3）确定半径为 $R29$ 的圆的圆心。

调用偏移命令，将直线 AB 向右偏移 5 个单位，再将偏移后的直线调整到合适的长度，该直线与直线 CD 的交点为 O_2。

（4）调用圆命令，以交点 O_2 为圆心，绘制半径为 $R29$ 的圆。完成的图形如图 4-30 所示。

9. 绘制连接弧 *R24* 和 *R36*

在修改工具栏中单击"圆角"按钮，调用圆角命令，给定圆角半径为 $R24$，在直线 OP 上单击作为第一个对象，在半径为 $R29$ 圆的右上部单击作为第二个对象，完成 $R24$ 圆弧连接。

同理以 $R36$ 为半径，完成直线 QR 和直径为 $\phi24$ 圆的圆弧连接。结果如图 4-31 所示。

10. 绘制钩尖处半径为 *R24* 的圆弧

因为 R24 圆弧的圆心纵坐标轨迹已知(距直线 CD 向下为 9 的直线上),另一坐标未知,所以属于中间圆弧。又因该圆弧与直径为 φ24 的圆相外切,可以用外切原理求出圆心坐标轨迹。两圆心轨迹的交点即是圆心点。

(1)确定圆心

调用偏移命令,将直线 CD 向下偏移 9 个单位,得到直线 XY。

再调用偏移命令,将直径为 φ24 的圆向外偏移 24 个单位,得到与 φ24 相外切的圆的圆心轨迹。圆与直线 XY 的交点 O_3 为连接弧圆心。

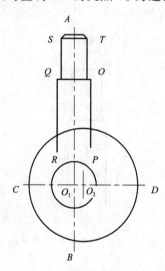

图 4-30　绘制已知圆

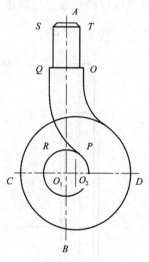

图 4-31　绘制连接弧

(2)绘制连接弧

调用圆命令,以 O_3 为圆心,绘制 R24 的圆,结果如图 4-32 所示。

11. 绘制钩尖处半径为 *R14* 的圆弧

因为 R14 圆弧的圆心在直线 CD 上,另一坐标未知,所以该圆弧属于中间圆弧。又因该圆弧与半径为 R24 的圆弧相外切,可以用外切原理求出圆心坐标轨迹。同前面一样,两圆心轨迹的交点即是圆心点。

(1)调用偏移命令,将半径为 R24 的圆向外偏移 14 个单位,得到与 R24 相外切的圆的圆心轨迹。该圆与直线 CD 的交点 O_4 为连接弧圆心。

(2)调用圆命令,以 O_4 为圆心,绘制半径为 R14 的圆,结果如图 4-33 所示。

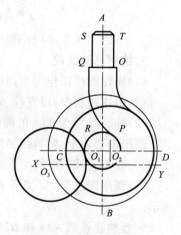

图 4-32　绘制连接弧 R24

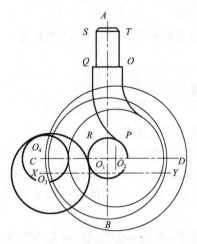

图 4-33 绘制连接弧 R14

12. 绘制钩尖处半径为 R2 的圆弧

R2 圆弧与 R14 圆弧相外切,同时又与 R24 的圆弧相内切,因此可以用圆角命令绘制。

调用圆角命令,给出圆角半径为 2 个单位,在半径为 R14 的圆上右偏上位置单击,作为第一个圆角对象,在半径为 R24 的圆上右偏上位置单击,作为第二个圆角对象,结果如图 4-34 云纹线中所示。

13. 编辑、修剪图形

(1)删除两个辅助圆。

(2)修剪各圆和圆弧至合适的长短。

(3)用夹点编辑或打断的方法调整中心线的长度,完成的图形如图 4-35 所示。

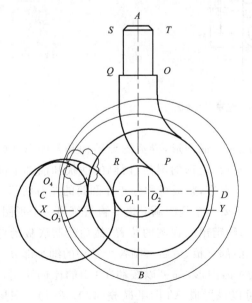

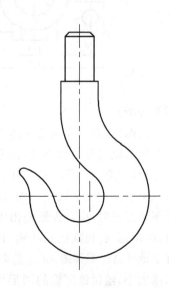

图 4-34 绘制 R2 连接弧   图 4-35 完成图

14. 保存图形

单击"保存"按钮,选择合适的位置,以"吊钩"为名保存。

任务二 绘制三视图

绘制如图 4-36 所示的轴承座三视图。

绘制组合体三视图前,首先应对组合体进行形体分析。分析组合体是由哪几部分组成的,每一部分的几何形状,各部分之间的相对位置关系,相邻两基本体的组合形式等。然后根据组合体的特征选择主视图,主视图的方向确定之后,另外视图的方向也就随之确定。

通过绘制图 4-36 所示图形,熟悉三视图的绘制方法和技巧,学会利用"构造线"即"辅助线"方法和对象捕捉、对象追踪的方法,来保证三视图的三等关系,提高绘图速度。

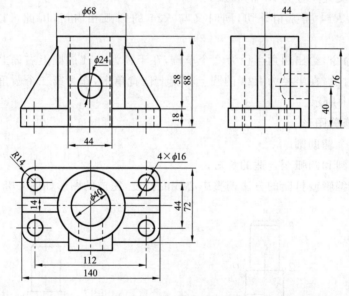

图 4-36 轴承座三视图

图形分析:

绘制此图形,首先应利用形体分析方法,读懂图形,弄清图形结构和各图形间的对应关系。此轴承座可分为四部分,长方体的底板、上部的圆筒、两侧的肋板和前部带圆孔的长方体立板,空心圆筒位于长方体底板的正上方,肋板对称分布在圆筒的左右两侧。画图时应按每个结构在三个视图中同时绘制,不要一个视图画完之后再去画另一个视图。

绘制该图形时,应首先绘制出中心线,确定出三视图的位置,然后绘制底板的外形结构,其次绘制圆筒,再次绘制两侧的肋板、前部立板,最后绘制各个结构的细小部分。

在 AutoCAD 下画图,无论是多大尺寸的图形,都可以按照 1∶1 的比例绘制。根据该图形的大小,绘制该图形的图形界限可以设置成 A3 图纸横放(420×297)。图层应该包括用到的线型和辅助线。

绘图步骤分解：

1. 绘图环境设置

（1）设置图形界限

新建一张图纸，按该图形的尺寸，图纸大小应设置成 A3，横放，因此图形界限设置为 420×297。然后再单击标准工具栏上的"全部缩放"按钮，运行图形缩放命令中的"全部"选项。

（2）设置对象捕捉

在"草图设置"对话框中，选择"交点""端点""中点""圆心"等，并启用对象捕捉功能。

2. 设置图层

按图形要求，打开"图层特性管理器"对话框，设置轮廓线层、中心线层、虚线层以及辅助线层等，线型、颜色、线宽设置如图 4-37 所示。

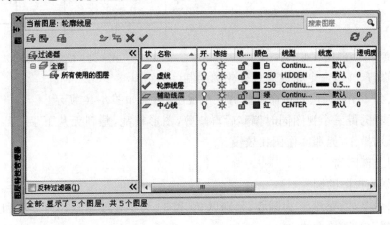

图 4-37　"图层特性管理器"对话框

3. 绘制中心线等基准线和辅助线

（1）绘制基准线

选择中心线层，调用直线命令，绘制出主视图和俯视图的左右对称中心线 BE，俯视图的前后对称中心线 FA，左视图的前后对称中心线 CD。在轮廓线层，绘制主视图、左视图的底面基准线 GH、IJ。

（2）绘制辅助线

选择辅助线层，调用构造线命令，通过直线 FA 与 CD 的交点 C 绘制一条 $-45°$的构造线，结果如图 4-38 所示。

4. 绘制底板外形

绘制底板时，可暂时画出其大致结构，待整个图形的大体结构绘制完成后，再绘制细小结构。

（1）利用偏移命令绘制轮廓线

①调用偏移命令，将直线 GH、IJ 向上偏移复制 18 个单位，直线 AB 向左、右各偏移复制 70 个单位，直线 FA 向上、下偏移复制 36 个单位，直线 CD 向左、右各偏移复制 36 个单位。

②选择刚刚偏移得到的点画线型轮廓线,打开"图层"工具栏上的图层控制列表,将所选择的线调整到轮廓线层。结果如图4-39所示。

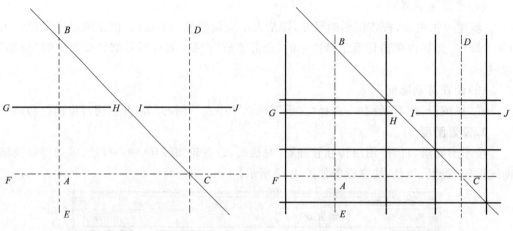

图4-38 绘制基准线及辅助线 图4-39 绘制底板轮廓线

(2)用修剪、圆角命令完成底板外轮廓绘制

参照任务1,用修剪、圆角命令修剪三个视图,结果如图4-40所示。

如果读者觉得三个视图同时偏移后再修剪,图形较乱,感到无从下手,可一个视图一个视图地分别操作,但那样作图比较慢。

5.绘制上部圆筒

(1)绘制俯视图的圆

调用圆命令,以交点A为圆心,分别以20和34为半径绘制直径为$\phi40$和$\phi68$的圆。

(2)绘制主视图轮廓线

①画主视图和左视图上端直线。

在修改工具栏中单击"偏移"按钮,调用偏移命令,将直线GH、IJ向上偏移复制88个作图单位。

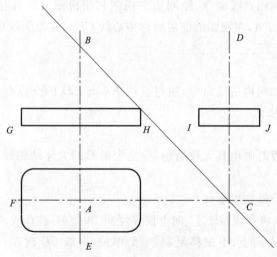

图4-40 修剪后的底板三视图

②画主视图圆筒内、外圆柱面的转向轮廓线。在绘图工具栏中单击"构造线"按钮,调用构造线命令,捕捉俯视图上 1、2、3、4 各点绘制铅垂线。

（3）绘制左视图轮廓线

调用偏移命令,将偏移距离分别设置为 20 和 34,对中心线 CD 向两侧偏移复制。

（4）将内孔线调整到虚线层

利用图层工具栏或"特性"窗口将内孔线调整到虚线层,结果如图 4-41 所示。

（5）修剪图形

参照前面修剪步骤,用修剪命令修剪主视图和左视图,结果如图 4-42 所示。

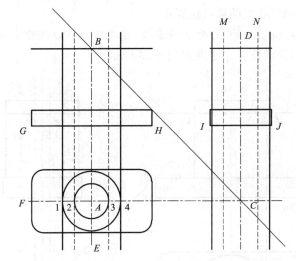

图 4-41　绘制圆筒三视图（一）

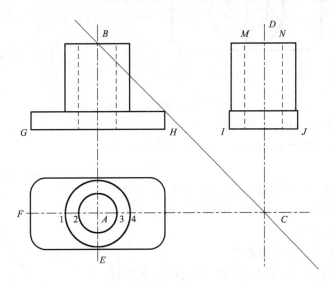

图 4-42　绘制圆筒三视图（二）

6. 绘制左右肋板

肋板在俯视图和左视图上的前后轮廓线投影可根据尺寸通过偏移对称中心线直接画出,而肋板斜面在主视图和左视图上的投影则要通过三视图的投影关系获得。

(1)在俯视图、左视图上偏移复制肋板前后面投影

在修改工具栏中单击"偏移"按钮,调用偏移命令,将中心线 *FC* 向上、下各偏移复制 7 个单位,将中心线 *CD* 向左、右各偏移复制 7 个单位。

(2)确定肋板在主视图、左视图上的最高位置的辅助线

调用偏移命令,将基准线 *GH*、*IJ* 向上偏移复制 76 个单位,得到辅助直线 *PQ*、*RS*。

(3)在主视图上确定肋板的最高位置点

调用构造线命令,捕捉交点 5,绘制铅垂线,铅垂线与 *PQ* 的交点为 6。直线 56 即是圆筒在主视图上的内侧线位置。结果如图 4-43 所示。

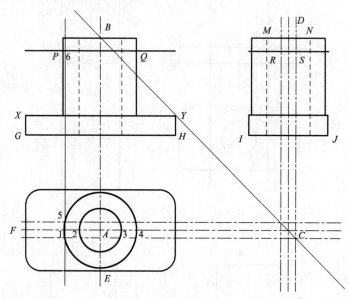

图 4-43 绘制肋板三视图

(4)绘制主视图上肋板斜面投影

①调用窗口缩放命令,窗口放大主视图肋板的顶尖部分。

②调用直线命令,画线连接顶尖点 6 和下边缘点 *X*,绘制出主视图中肋板斜面投影与圆筒左侧轮廓线交于 7 点,如图 4-44 所示。

(5)修剪三个视图中多余的线

调用修剪命令,将主视图的左侧肋板投影,俯视图及左视图中肋板投影修剪至适当长短,在修剪过程中,可随时调用实时平移、实时放大、缩放上一窗口命令,以便于图形编辑。

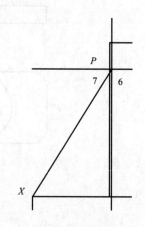

图 4-44 主视图中肋板斜面投影

删除偏移辅助线 RS。

将偏移的肋板侧线调整到轮廓线层,结果如图4-45所示。

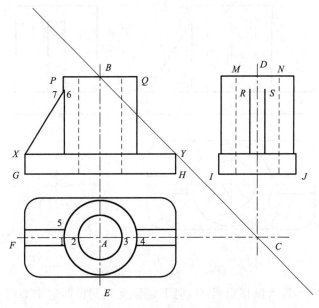

图 4-45 修剪后的肋板三视图

（6）镜像复制主视图中右侧肋板

首先删除主视图中圆筒右侧的线,然后镜像复制圆筒左侧线和肋板投影线。也可用画左侧肋板的方法绘制。

①选择主视图中圆筒右侧转向轮廓线,删除。

②调用镜像命令,选择主视图左侧的三段线,以中心线 AB 为镜像轴线,镜像复制三段直线。

（7）绘制左视图中肋板与圆筒相交弧线 $R9S$

①调用窗口放大命令,在主视图 Q 点的左上角附近单击,向右下拖动鼠标,在左视图 S 点右下角附近单击,使这一区域在屏幕上显示。

②调用构造线命令,选择"水平线"选项,捕捉圆筒右侧转向轮廓线与右肋板交点 8,绘制水平线,水平线与 CD 交点为 9。

③调用圆弧命令,用三点弧方法,捕捉左视图上端点 R、交点 9、端点 S,绘制相贯线 $R9S$。

④删除辅助线 89,结果如图 4-46 所示。

7. 绘制前部立板

（1）绘制前部立板外形的已知线

①调用偏移命令,输入偏移距离 22,向左、右方向各偏移复制中心线 AB,绘制主视图和俯视图中前板的左右轮廓线。

②调用偏移命令,输入偏移距离为 76,向上偏移复制基准线 GH、IJ,得到前部立板上表面在主视图、左视图中的投影轮廓线。

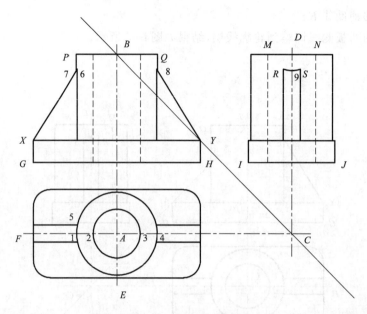

图 4-46　完成的肋板三视图

③调用偏移命令,输入偏移距离 44,向下偏移复制俯视图的中心线 FC,向右偏移复制左视图的中心线 CD,在俯视图和左视图中得到前部立板在俯视图和左视图中的前表面的投影。

④调用修剪和倒角命令,修剪图形,结果如图 4-47 所示。

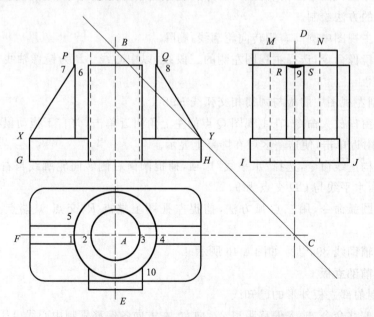

图 4-47　绘制前部立板三视图(一)

(2)绘制左视图前部立板与圆筒交线 UV

利用对象捕捉和对象追踪功能,用直线命令绘制左视图中前部立板与圆筒的交线。

①画左视图中垂线

同时启用对象捕捉、正交、对象捕捉追踪功能,调用直线命令,当命令行提示"指定第一点:"时,在 10 点附近移动鼠标,当出现交点标记时向右移动鼠标,出现追踪蚂蚁线,移到−45°辅助线上出现交点标记时单击鼠标左键。如图 4-48 所示。再向上移动鼠标,在左视图上方单击,绘制出垂直线 UV。

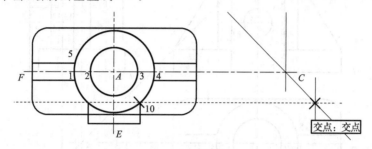

图 4-48 绘制前部立板三视图(二)

②调用修剪命令,修剪图形,得到前部立板在左视图中的投影,如图 4-49 左视图所示。

(3)绘制前部立板圆孔

首先绘制各视图中圆孔的定位中心线、主视图中的圆,在左视图和俯视图中偏移复制中心线,获得孔的转向轮廓线,再利用辅助线法绘制左视图的相贯线。

①调用偏移命令,输入偏移距离 40,向上偏移复制基准线 GH、IJ,再将偏移所得到的直线改到中心线层,调整到合适的长短。

②绘制主视图中的圆。调用圆命令,以交点 Z 为圆心,12 为半径绘制主视图中孔的投影。

③绘制圆孔在俯视图中的投影。调用偏移命令,输入偏移距离 12,将俯视图中的左右对称中心线 AE 分别向两侧偏移复制。再将偏移所得到的直线改到虚线层,修剪到合适的长短。

④绘制圆孔在左视图中的投影。调用偏移命令,输入偏移距离 12,将左视图中基准线 IJ 向上偏移所得的水平中心线分别向上、下复制。再将偏移所得到的直线改到虚线层,修剪到合适的长短。

⑤绘制左视图的相贯线。在辅助线层,利用前面用到的绘制前部立板与圆筒在左视图中交线 UV 的方法,捕捉交点 11,绘制左视图中垂直辅助线 13,得到与中心线的交点 13。在虚线层,选择点 12、13、14 三点,用三点法绘制圆弧,得到相贯线,结果如图 4-49 所示。

8. 绘制底板 ϕ16 的圆孔

(1)选择中心线层,调用直线命令,绘制出底板 ϕ16 的圆孔在主视图和俯视图上的左右对称中心线以及在俯视图和左视图上的前后对称中心线。

(2)绘制俯视图 ϕ16 的圆。选择轮廓线层,调用圆命令绘制 4 个 ϕ16 的圆。

(3)绘制主视图和左视图 ϕ16 圆孔的轮廓线。调用偏移命令,输入偏移距离 8,将主视图和左视图中 ϕ16 圆孔的对称中心线分别向两侧偏移复制。再将偏移所得到的直线改到虚线层,修剪到合适的长短。

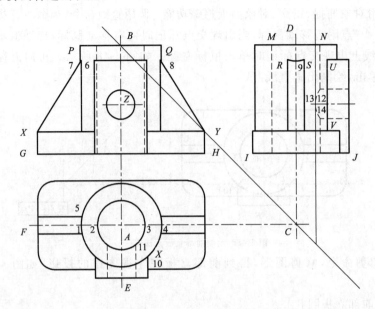

图 4-49 绘制前部立板三视图(三)

9. 编辑图形

(1)删除多余的线。

(2)调用打断命令,在主视图和俯视图中间打断中心线 BE。

(3)调整各图线到合适的长短,完成全图,如图 4-36 所示。

10. 保存图形

调用保存命令,以"轴承座"为名保存图形。

单元训练

1.用复制命令将图 4-50(a)所示图形编辑成图 4-50(b)所示图形。

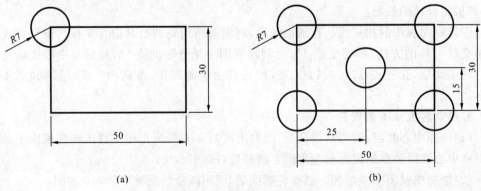

(a)   (b)

图 4-50

2.用复制命令将图 4-51(a)所示图形编辑成图 4-50(b)所示图形。

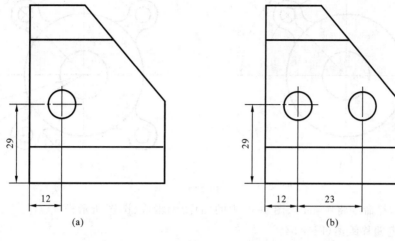

(a)　　　　　　　　　　(b)

图 4-51

3.用镜像命令将图 4-52、图 4-53 中的(a)图编辑成(b)图所示样式。

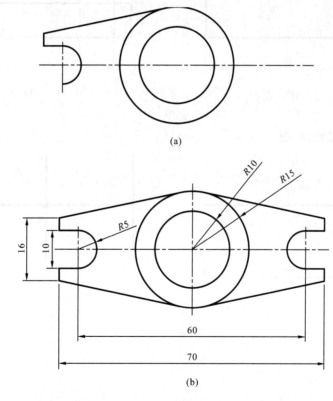

(a)

(b)

图 4-52

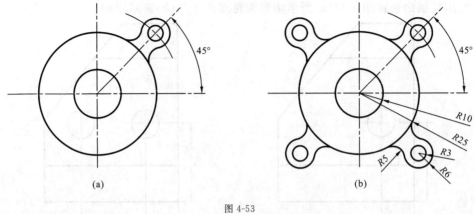

图 4-53

4.用偏移命令将图 4-54、图 4-55 中的(a)图编辑成(b)图所示样式。

(1)指定偏移距离(图 4-54)

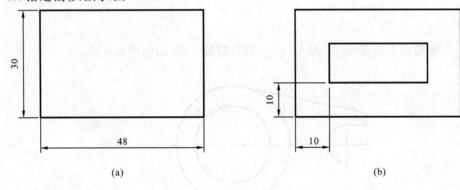

图 4-54

(2)指定通过的点(图 4-55)

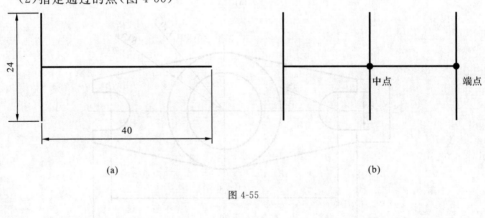

图 4-55

5.用阵列命令将图 4-56、图 4-57 中的(a)图编辑成(b)图所示样式。

(1)要求:矩形阵列行数为 4,列数为 3,行偏移为—10,列偏移为 15,阵列角度为 0,如图 4-56 所示。

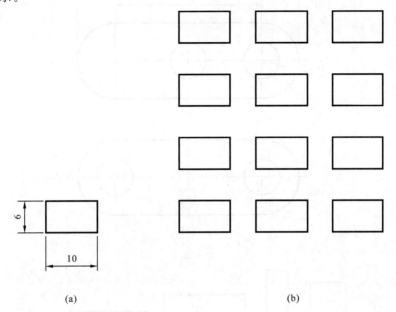

(a)   (b)

图 4-56

(2)要求:环形阵列,如图 4-57 所示。

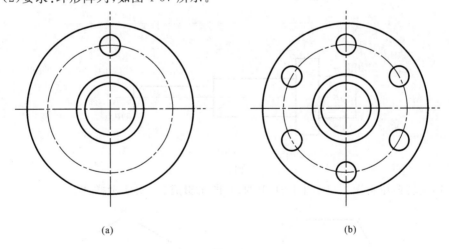

(a)   (b)

图 4-57

6.用移动命令将图 4-58、图 4-59 中的(a)图编辑成(b)图所示样式。

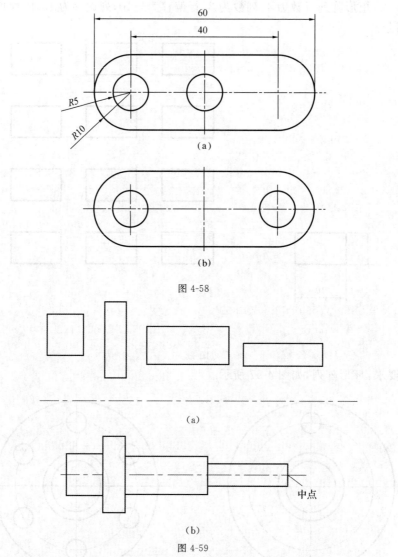

图 4-58

(a)

(b)

图 4-59

7.用旋转命令将图 4-60、图 4-61 中的(a)图编辑成(b)图所示样式。

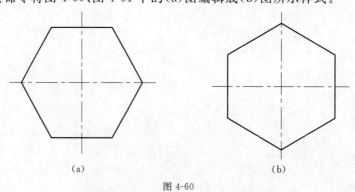

(a)   (b)

图 4-60

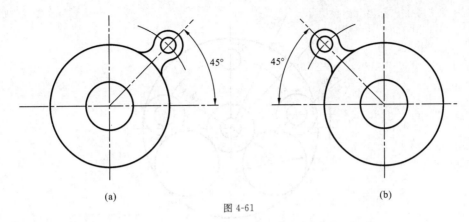

图 4-61

8.用修剪命令将图 4-62、图 4-63 中的(a)图编辑成(b)图所示样式。

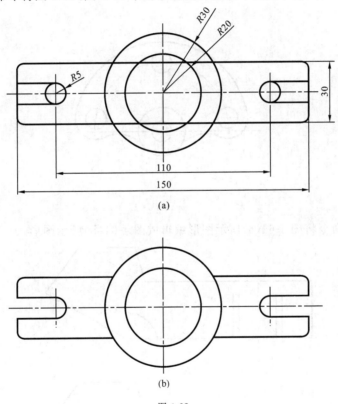

(a)

(b)

图 4-62

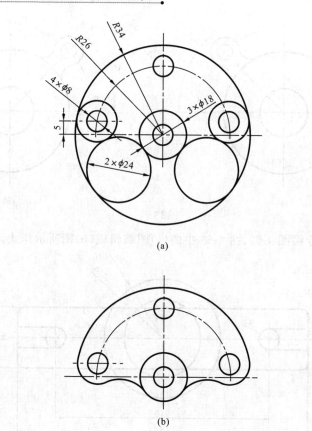

(a)

(b)

图 4-63

9.用延伸命令将图 4-64(a)所示图形编辑成图 4-64(b)所示图形。

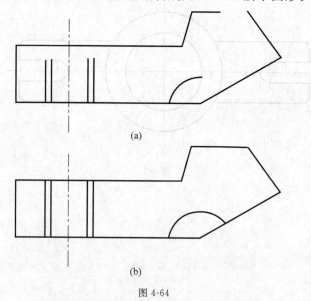

(a)

(b)

图 4-64

10.用拉伸命令将图 4-65(a)所示图形编辑成图 4-65(b)所示图形。

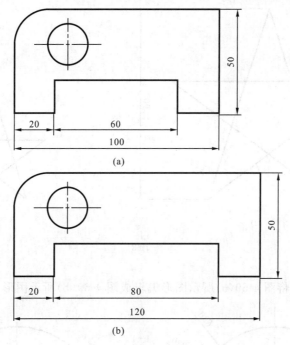

图 4-65

11.用倒角命令将图 4-66(a)所示图形编辑成图 4-66(b)所示图形。

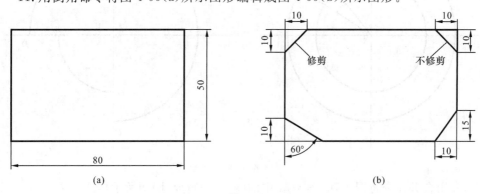

图 4-66

12.用圆角命令将图 4-67(a)所示图形编辑成图 4-67(b)所示图形。

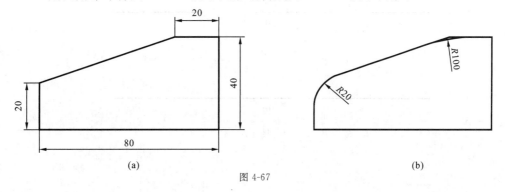

图 4-67

13.用缩放命令将图 4-68(a)所示图形编辑成图 4-68(b)所示图形。

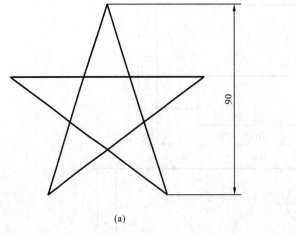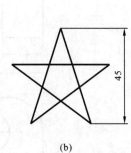

(a)　　　　　　　　　(b)

图 4-68

14.用打断命令将图 4-69(a)所示图形编辑成图 4-69(b)所示图形。

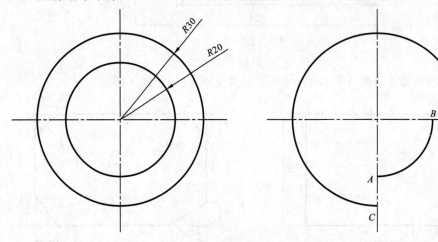

图 4-69

15.用合并命令将图 4-70、图 4-71 中的(a)图编辑成(b)图所示样式。

(1)合并直线(图 4-70)

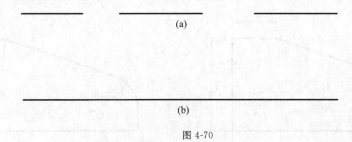

(a)

(b)

图 4-70

（2）合并圆弧（图 4-71）

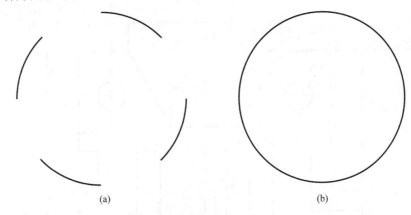

(a)   (b)

图 4-71

16. 用分解命令将图 4-72(a)所示图形编辑成图 4-72(b)所示图形，不用分解命令将图 4-72(a)所示图形编辑成图 4-72(c)所示图形。

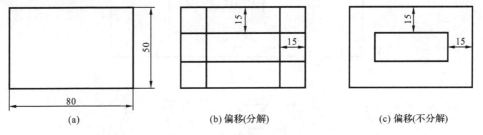

(a)   (b) 偏移(分解)   (c) 偏移(不分解)

图 4-72

17. 按照尺寸绘制图 4-73～图 4-76 所示图形。

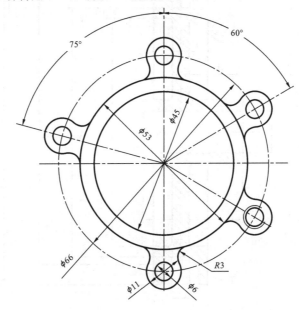

图 4-73

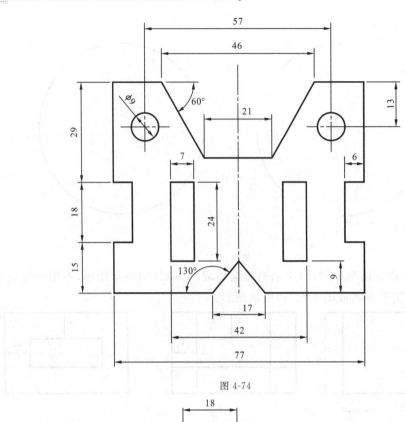

图 4-74

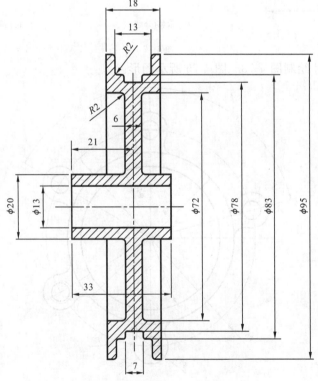

图 4-75

(2)合并圆弧(图 4-71)

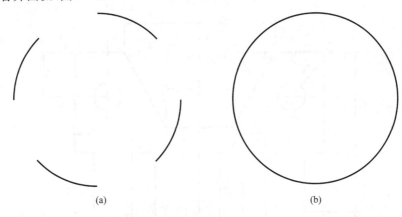

图 4-71

16.用分解命令将图 4-72(a)所示图形编辑成图 4-72(b)所示图形,不用分解命令将图 4-72(a)所示图形编辑成图 4-72(c)所示图形。

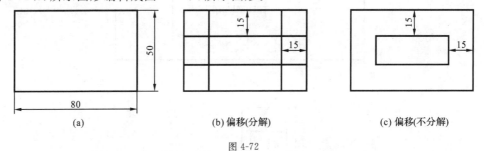

图 4-72

17.按照尺寸绘制图 4-73~图 4-76 所示图形。

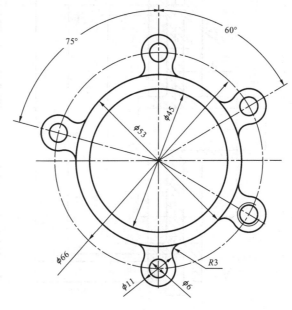

图 4-73

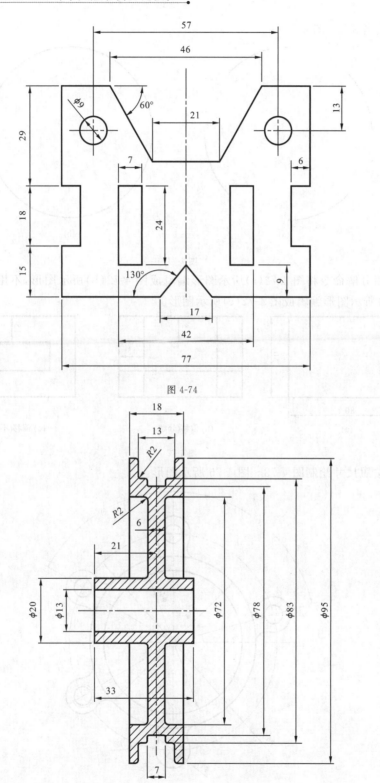

图 4-74

图 4-75

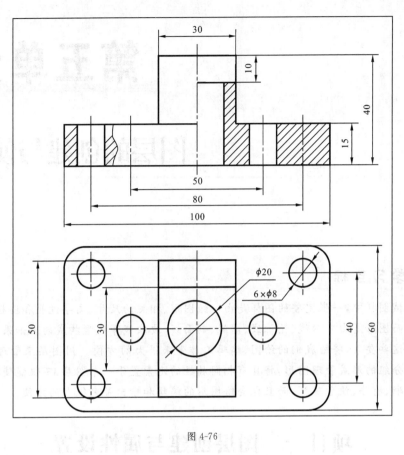

图 4-76

第五单元

图层的创建与使用

 学习目标

在机械图样中,一张完整的图样是由一组图形、相关的尺寸、文字说明和图框、标题栏组成的。而图形是由中心线、轮廓线、虚线、剖面线、波浪线等线型构成的。如果用分组的形式管理这些要素,将给我们的绘图、编辑工作带来很大的方便。用图层来管理图形,实质就是用分组的形式管理图形,将具有相同属性的元素置于一个图层,不仅能使图形的各种信息清晰、有序、便于观察,而且也会给图形的编辑和输出带来很大的方便。

项目一 图层创建与属性设置

 项目目标

认识"图层特性管理器"对话框的组成及利用"图层特性管理器"对话框来创建新图层,并能够对图层特性进行设置。

 知识点

(1)认识"图层特性管理器"对话框。
(2)创建新图层。
(3)设置图层属性。

任务一 认识"图层特性管理器"对话框

图层是图形中使用的主要组织工具,用于将信息按功能编组以及指定默认的特性,包括颜色、线型、线宽以及其他特性。通过创建图层，可以将类型相似的对象指定给同一图层，以使其相关联。通过控制对象的显示或打印方式，可以降低图形的视觉复杂程度，并提高显示性能。

图层可以想象为没有厚度又完全对齐的若干张透明图纸叠加起来。它们具有相同的坐标、图形界限及显示时的缩放倍数。一个图层具有其自身的属性和状态。所谓图层属性通常是指该图层所特有的颜色、线型、线宽等。而图层的状态则是指其开/关、冻结/解冻、锁定/解锁状态等。同一图层上的图形元素具有相同的图层属性和状态。

创建和设置图层主要是设置图层的属性和状态，以便更好地组织不同的图形信息。例如，将工程图样中各种不同的线型设置在不同的图层中，赋予不同的颜色，以增加图形的清晰性。将图形绘制与尺寸标注及文字注释分层进行，并利用图层状态控制各种图形信息的显示与否、修改与输出等，给图形的编辑带来很大的方便。

图层是 AutoCAD 提供的一个管理图形对象的工具，用户可以根据图层对图形几何对象、文字、标注等进行归类处理，使用图层来管理它们，不仅能使图形的各种信息清晰、有序，便于观察，而且也会给图形的编辑、修改和输出带来很大的方便。

AutoCAD 提供了图层特性管理器，利用该工具用户可以很方便地创建图层以及设置其基本属性。选择[格式]→[图层]菜单命令，即可打开"图层特性管理器"对话框，如图5-1 所示。

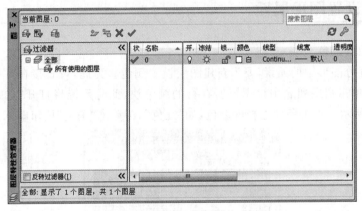

图 5-1　"图层特性管理器"对话框

任务二　创建新图层

默认情况下，AutoCAD 自动创建一个图层名为"0"的图层，该图层无法删除或重命名，以便确保每个图形至少包括一个图层。用户可以创建几个新图层来组织图形，而不是在图层"0"上绘制图形。创建新图层，其命令操作如下：

● 图层工具栏：⛏。
● 下拉菜单：[格式]→[图层]。
● 命令：LAYER↙。

启动该命令,则打开"图层特性管理器"对话框,单击"新建"按钮 ,这时在图层列表中将出现一个名称为"图层 1"的新图层。用户可以为其输入新的图层名,如"中心线层",以表示将要绘制的图形元素的特征,如图 5-2 所示。

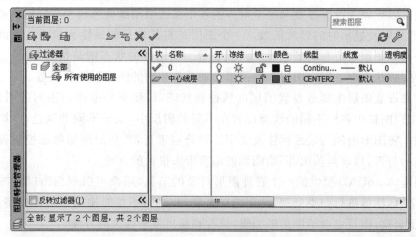

图 5-2 创建新图层

任务三 设置图层属性

1. 设置图层颜色

为便于区分图形中的元素,要为新建图层设置颜色。为此,可直接在"图层特性管理器"对话框中单击图层列表中该图层所在行的颜色块,此时系统将打开"选择颜色"对话框,如图 5-3 所示。单击所要选择的颜色,如"红色",再单击"确定"按钮即可。

图 5-3 "选择颜色"对话框

2. 设置图层线型

线型也用于区分图形中的不同元素,例如点画线、虚线等。默认情况下,图层的线型为 Continuous(连续线型)。要改变线型,可在图层列表中单击相应的线型名,如"Continuous",在弹出的"选择线型"对话框中选中要选择的线型,如"HIDDEN2",即可选择虚线,如图 5-4、图 5-5 所示。若想设置的线型不在"选择线型"对话框中,可单击"加载"按钮。在打开的"加载或重载线型"对话框(图 5-6)中选择想要的线型,之后单击"确定"按钮,即可将选中的线型填加到"选择线型"对话框中。

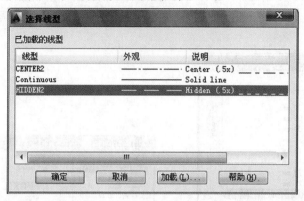

图 5-4　"选择线型"对话框

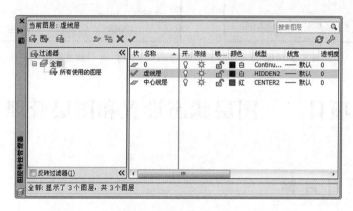

图 5-5　设置图层线型

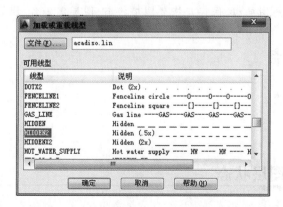

图 5-6　"加载或重载线型"对话框

3. 设置图层线宽

在工程图样中,为提高图形的表达能力和可识别性,不同的线型其宽度是不一样的。

设置线宽时,可在图层列表中单击相应的线宽值,如"— 默认",打开"线宽"对话框,如图5-7所示,在"线宽"列表中进行选择。此外,选择下拉菜单[格式]→[线宽]命令,可打开"线宽设置"对话框。如果选中"显示线宽"复选框,设置"默认"线宽为 0.50 mm,则系统将在屏幕上显示线宽设置效果。而调节"调整显示比例"滑块,还可以调整线宽显示效果,如图5-8所示。

图 5-7 "线宽"对话框

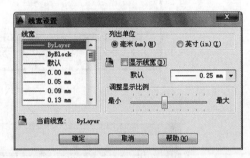

图 5-8 "线宽设置"对话框

项目二　图层状态设置和图层管理

项目目标

能够对图层状态进行控制,并能够在 AutoCAD 2014 中使用"图层特性管理器"对话框进行图层切换、过滤图层组、保存与恢复图层状态、图层重命名、删除图层等操作。

知识点

(1)设置图层状态。
(2)管理图层。

任务一　设置图层状态

打开"图层特性管理器"对话框,即可显示图形中图层的特性。要修改某一个选定图层的特性,单击该图层相对应特性的图标。如💡(打开/关闭)、✿(冻结/解冻)、🔓(锁定/解锁)等可控制图层的状态。如图5-9所示,图层 0 为打开、解冻、解锁状态;中心线层为关闭、冻结、锁定状态。

图 5-9 图层状态

1. "开/关"按钮 ♀

如果图层被打开,则该图层上的图形可以在图形显示器上显示或在绘图仪上绘出。被关闭的图层仍然是图的一部分,但它们不被显示或绘制出来。用户可以根据需要打开或关闭图层。

2. "冻结/解冻"按钮 ☼

冻结图层时,图层上的内容全部隐藏,且不可被编辑或打印,从而减少复杂图形的重新生成时间。从可见性来看,冻结的图层与关闭的图层是相同的,但前者的实体不参加处理过程中的运算,关闭图层中的实体则要参加运算。所以在复杂的图形中冻结不需要的图层,可以大大加快系统重新生成图形的速度。

3. "锁定/解锁"按钮 🔓

锁定图层时,图层上的内容仍然可见,并且能够捕捉或添加新对象,但不能被编辑。默认情况下,图层是解锁的。

🐷 注意

当前层可以被关闭和锁定,但不能被冻结。

任务二 管理图层

使用"图层特性管理器"对话框,还可以对图层进行更多的设置与管理,如图层的切换、重命名与删除等。

1. 重命名图层

若要重命名图层,可选中该图层,然后单击鼠标右键,在弹出的快捷菜单上选择[重命名图层]命令,或按下键盘上的 F2 键,可重命名图层。也可以双击该图层的名称,使其变为待修改状态时再重新输入新名称。

2. 切换当前层

在"图层特性管理器"对话框的图层列表中选择某一图层后,单击"当前"按钮,即可将该层设置为当前层。

在实际绘图时,我们主要是通过图层工具栏中的"图层控制"下拉列表框来实现图层切换的,这时只需选择要将其设置为当前层的图层名称即可,如图 5-9 所示。

3. 显示图层组

当图形中包含大量图层时,利用"图层特性管理器"对话框中的"过滤器"功能,可以在图层列表中显示所有使用的图层、所有打开/关闭、冻结/解冻、锁定/解锁的图层,所有图层或所有依赖于外部参照的图层。默认情况下,在图层列表中显示所有图层,如图5-10所示。

在"过滤器定义"选项中,可以按图层名称、状态、颜色、线型和线宽等确定过滤条件。如可以显示被关闭的图层,如图5-11所示。

4. 删除图层

选中要删除的图层后,单击"图层特性管理器"对话框中的"删除"按钮,或按下键盘上的 Delete 键,可删除该层。也可以在该图层上单击鼠标右键,在弹出的快捷菜单上选择[删除图层]命令,如图5-12所示。

注意

当前层、图层0、图层Defpoints、包含对象(包括块定义中的对象)或依赖外部参照的图层不能被删除。

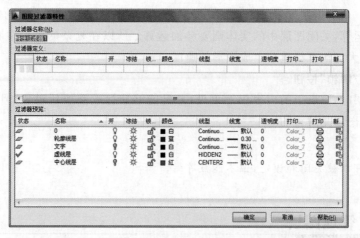

图 5-10　显示所有图层

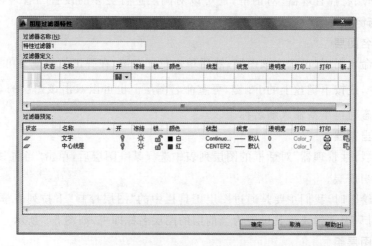

图 5-11　显示被关闭的图层

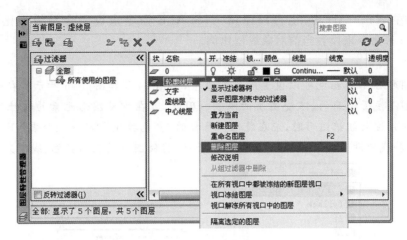

图 5-12　删除图层

5.设置线型比例

在 AutoCAD 中,系统提供了大量的非连续线型,如虚线、点画线等。在实际绘图中,有时绘制的虚线显示出来的却是实线,这是由于线型比例设置不合理造成的。可通过调整线型的比例来控制线型线段的长短、线段之间间隙的大小。比例值越大,则间隙的距离越大,反之越小。图 5-13 所示为设置全局比例因子不同值时点画线的显示效果。

—————— —— ——————　　　　—————— —— ——————

(a)全局比例因子为 1　　　　　　　　(b)全局比例因子为 0.4

图 5-13　设置线型比例

设置线型比例的方法:

● 下拉菜单:[格式]→[线型]。

启动该功能后,打开"线型管理器"对话框,如图 5-14 所示。单击"显示细节"按钮,在线型列表中选择某一线型,然后利用"详细信息"选项组中的"全局比例因子"编辑框选择适当的比例系数,即可设置图形中所有非连续线型的外观。

图 5-14　"线型管理器"对话框

利用"当前对象缩放比例"编辑框,可以设置将要绘制的非连续线型的外观,而原来绘制的非连续线型的外观并不受影响。

另外,在 AutoCAD 中,也可以使用 LTSCALE 命令来设置全局线型比例,使用 CELTSCALE 命令来设置当前对象线型比例。

注意

1.使用特性工具栏也可以设置颜色和线型,如图 5-15 和图 5-16 所示。在此设置的颜色和线型是统管全局的,不受图层的限制。因此,可在少量图形元素的特性修改时使用。而在使用图层组织图形时,应在特性工具栏的"颜色控制"和"线型控制"下拉列表框中,将颜色和线型设置成"ByLayer"(随层)。否则,将使图层设置的颜色、线型失去作用。

图 5-15 "颜色控制"下拉列表   图 5-16 "线型控制"下拉列表

2.利用修改特性命令也可以修改图形实体的颜色、线型、线型比例和图层等特性。如果要将图 5-17(a)中原本是粗实线的圆改变为图 5-17(b)中所示的虚线圆。具体操作为:

(1)选中要修改的粗实线圆。

(2)输入修改特性命令。

● 标准工具栏:▣。

● 下拉菜单:[修改]→[特性]。

● 命令:PROPERTIES✓。

选择上述任一种方式输入修改特性命令,在弹出的如图 5-18 所示的"特性"对话框中双击"图层"选项中的图层名称"0",在随后打开的下拉列表中选择"虚线层",线型为"By-Layer"(此为缺省设置)。

(3)关闭"特性"对话框。

3.利用特性匹配功能也可以实现特性修改。若将图 5-17(a)中的虚线圆的特性匹配给正六边形,可单击下拉菜单中[修改]→[特性匹配]命令,按照下面的命令行提示:

选择源对象:**单击虚线圆**   //选择虚线圆作为源对象

选择目标对象或[设置(S)]:**选择正六边形**   //用格式刷选中正六边形为目标对象

至此,完成正六边形由实线至虚线的改变,如图 5-17(b)所示。

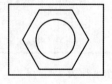
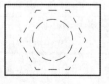

(a)   (b)

图 5-17 特性匹配

图 5-18　"特性"对话框

项目三　图层应用实例

项目目标

本项目的目标是:通过绘制平面图形,训练学生对图层、线型、线宽、颜色的设置方法。

知识点

(1)图层的设置方法。

(2)线型、线宽及颜色的设置方法。

【课堂实训一】　绘制图 5-19 所示图形。

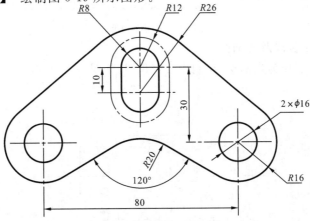

图 5-19　平面图形实例(一)

绘图步骤分解:

(1)调用下拉菜单中[格式]→[图形界限]命令,设置图形界限为左下角(0,0),右上角(210,297)。

(2)创建图层。

①单击下拉菜单中[格式]→[图层]命令,打开"图层特性管理器"对话框。

②单击"新建"按钮,将"图层1"改为"中心线层"。单击该层中对应颜色的"白色"位置,在"选择颜色"对话框中选择其中的红色作为中心线的颜色,单击"确定"按钮。

图 5-20 设置线宽

③单击中心线层对应的"线型",打开"选择线型"对话框。单击"加载"按钮,在"加载或重载线型"对话框中选中"CENTER"线型,并单击"确定"按钮。回到"选择线型"对话框,选择"CENTER"线型作为中心线层的线型。

④其他各层建法相同。

⑤单击粗实线层对应的线宽,在"线宽"对话框中选择线宽为 0.5 mm,如图 5-20 所示。

分别建立粗实线层、中心线层、虚线层、细实线层和尺寸线层,图层属性设置如图 5-21 所示。

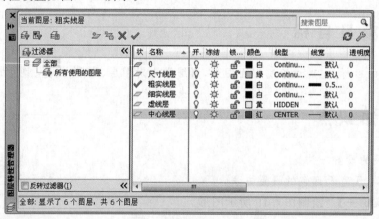

图 5-21 创建的图层

(3)绘制中心定位线及各圆。

①选择中心线层作为当前层,绘制中心定位线,如图 5-22 所示。

图 5-22 绘制中心定位线

②在状态栏中单击"捕捉"按钮,启用捕捉功能;选择粗实线层作为当前层,以给定的直径或半径作各圆及圆弧,如图 5-23 所示。

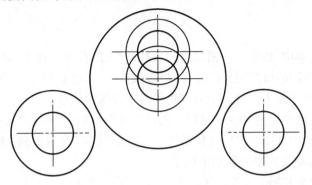

图 5-23　绘制各圆及圆弧

(4)利用捕捉切点绘制各段切线(直线),并利用修剪命令进行修剪。

(5)对左右两外圆切线交点倒 R20 圆角。

(6)选中图 5-23 中大圆内同心圆弧的两段外圆弧及连接这两段外圆弧的切线,利用图层工具栏将其切换到中心线层。

(7)调整各图线到合适长短,结果如图 5-24 所示。至此完成全部作图。

(8)调用保存命令,以"图 5-19"为名保存图形。

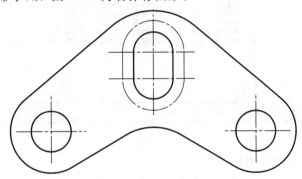

图 5-24　完成全图

【课堂实训二】　绘制图 5-25 所示图形。

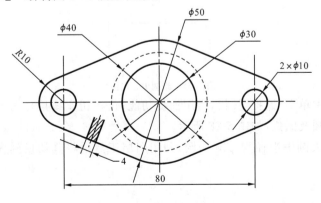

图 5-25　平面图形实例(二)

绘图步骤分解：

(1)调用下拉菜单中[格式]→[图形界限]命令,设置图形界限为左下角(0,0),右上角(210,297)。

(2)创建图层。

①单击下拉菜单中[格式]→[图层]命令,打开"图层特性管理器"对话框。

②单击"新建"按钮,将"图层 1"改为"中心线层"。单击该层中对应颜色的"白色"位置,在"选择颜色"对话框中选择其中的红色作为中心线的颜色。

③单击中心线层对应的"线型",打开"选择线型"对话框。单击"加载"按钮,在"加载或重载线型"对话框中选中"CENTER"线型,并单击"确定"按钮回到"选择线型"对话框,选择"CENTER"线型作为中心线层的线型。

④其他各层建法相同。

⑤单击粗实线层对应的线宽,在"线宽"对话框中选择线宽为 0.5 mm。

分别建立粗实线层、中心线层、虚线层、细实线层、尺寸线层和剖面线层,如图 5-26所示。

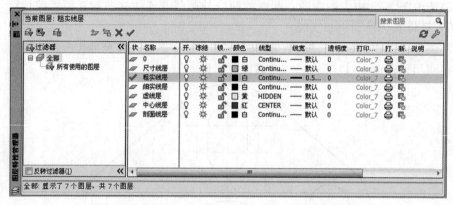

图 5-26　创建的图层

(3)绘制中心定位线及各圆。

①选择中心线层作为当前层,绘制中心定位线,如图 5-27 所示。

图 5-27　绘制中心定位线

②在状态栏中单击"捕捉"按钮,启用捕捉功能;选择粗实线层作为当前层,以给定的直径或半径作各圆及圆弧,如图 5-28 所示。

③选中中间大圆中半径为 φ40 的圆,利用图层工具栏将其切换到虚线层,结果如图5-29 所示。

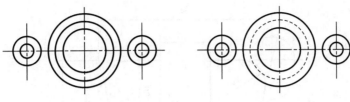

图 5-28 绘制各圆及圆弧   图 5-29 切换图层

（4）利用捕捉切点绘制各段切线（直线），并利用修剪命令进行修剪，之后绘制断面的边界线。

（5）通过图层工具栏将剖面线层置为当前层，绘制断面的剖面线，如图 5-30 所示。至此完成全部作图。

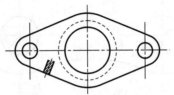

图 5-30 填充完成全图

（6）调用保存命令，以"图 5-25"为名保存图形。

单元训练

1. 分层绘制图 5-31～图 5-48 所示平面图形，不标注尺寸。

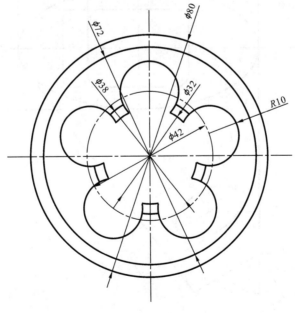

图 5-31

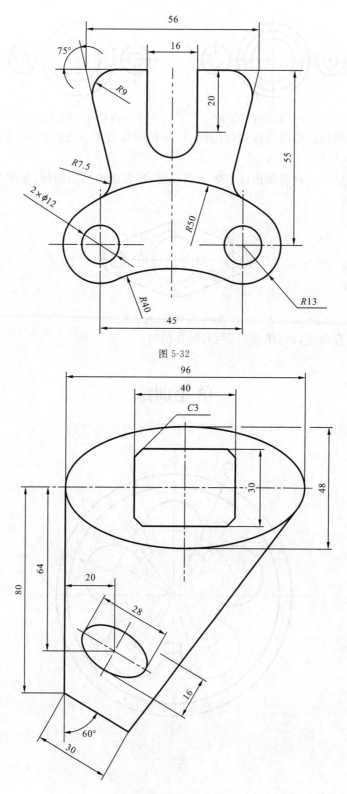

图 5-32

图 5-33

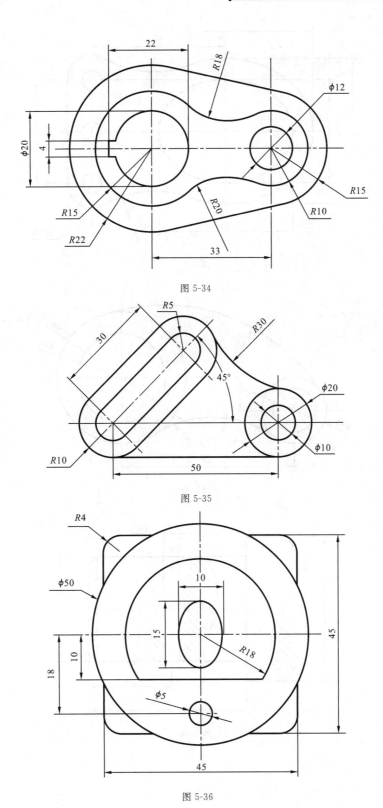

图 5-34

图 5-35

图 5-36

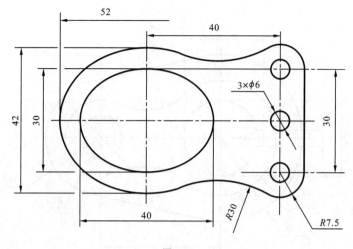

图 5-37

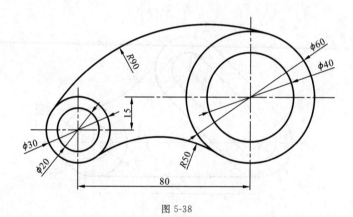

图 5-38

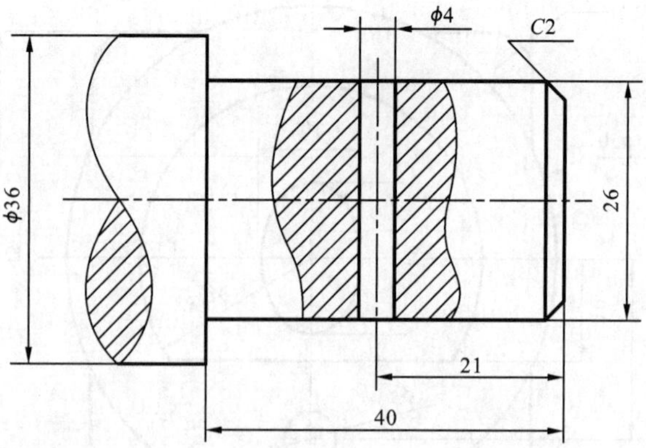

图 5-39

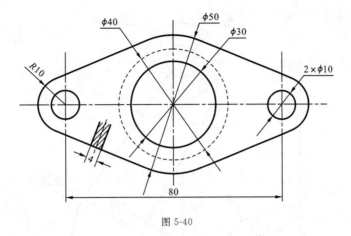

图 5-40

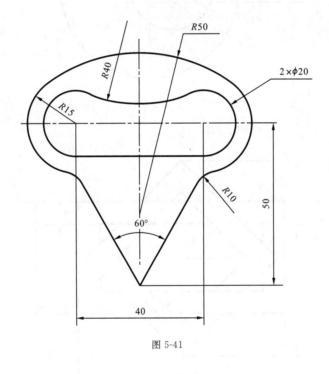

图 5-41

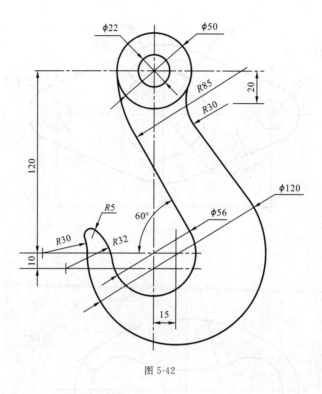

图 5-42

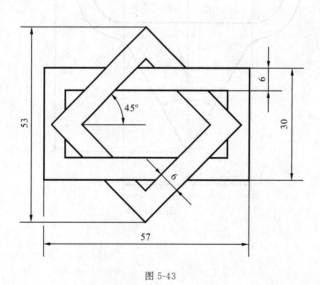

图 5-43

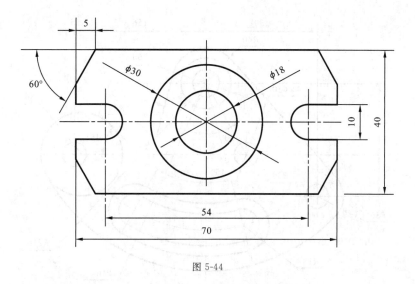

图 5-44

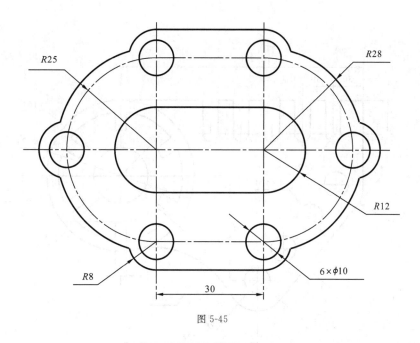

图 5-45

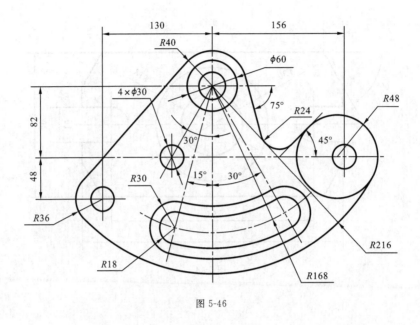

图 5-46

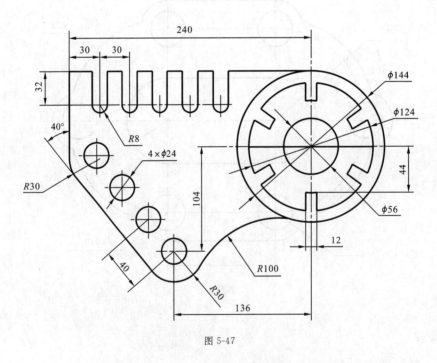

图 5-47

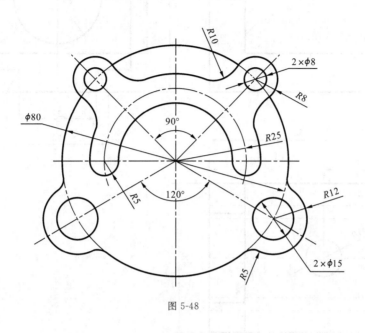

图 5-48

2.抄画图 5-49～图 5-58 所示三视图,不标注尺寸。

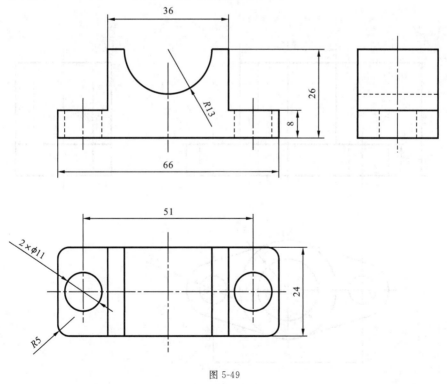

图 5-49

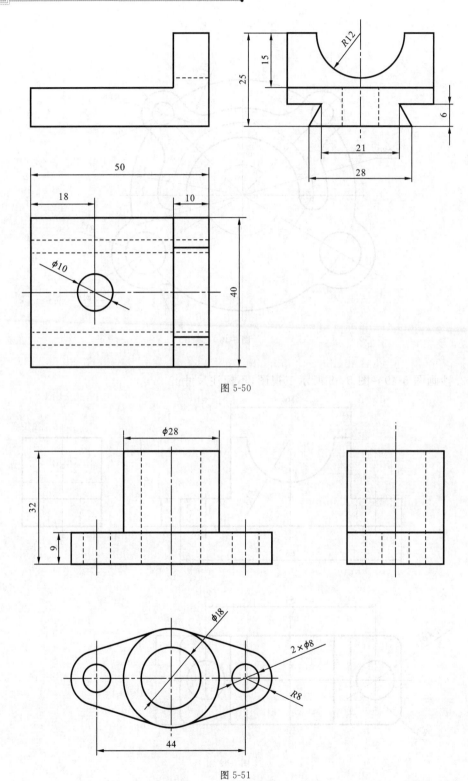

图 5-50

图 5-51

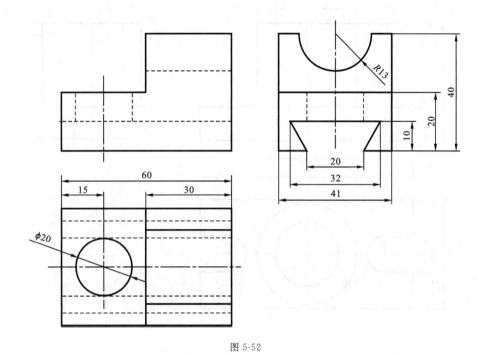

图 5-52

图 5-53

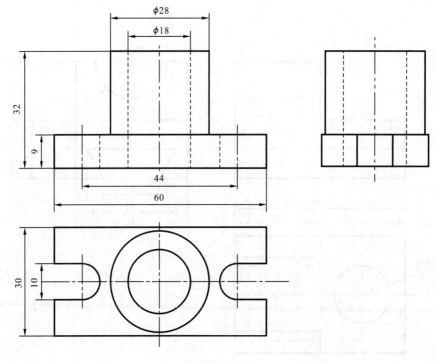

图 5-54

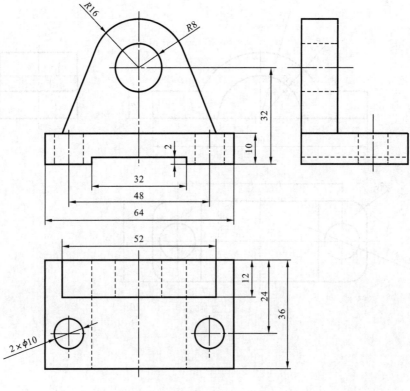

图 5-55

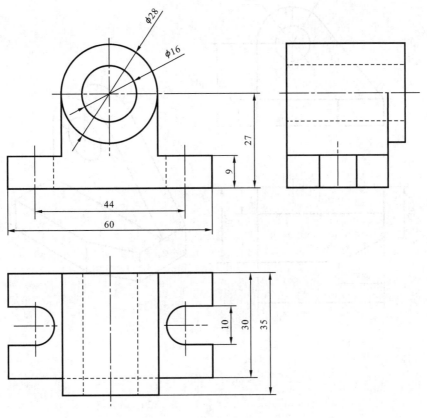

图 5-56

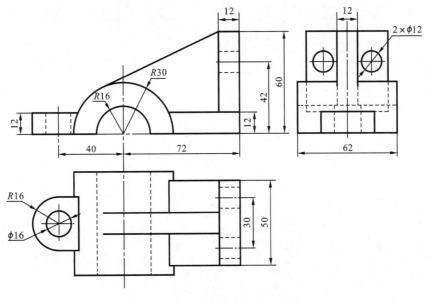

图 5-57

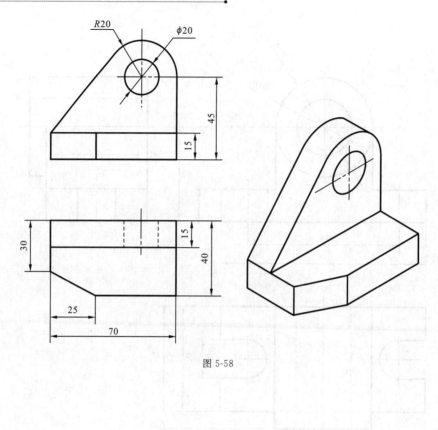

图 5-58

第六单元

输入和编辑文字

 学习目标

文字在工程图样中是不可缺少的对象。例如机械工程图样中的技术要求、标题栏的注写等。为此,AutoCAD 提供了非常方便、快捷的文字注写功能。标注文字的命令有两个:单行文字和多行文字。单行文字命令用一般的文字或文本标注,而多行文字命令用于标注较复杂的文本,如文本中有专业符号等。同时,用户还可以根据需要创建多种文字样式。

项目一　新建文字样式

 项目目标

设置文字样式是进行文字和尺寸标注的首要任务。在 AutoCAD 中,文字样式用于控制图形中所使用文字的字体、高度和宽度系数等。在一幅图形中可定义多种文字样式,以适合不同对象的需要。因此本项目的目标是:学会创建文字样式,掌握"文字样式"中各选项的设置方法。

知识点

(1)创建文字样式。
(2)"文字样式"中各选项的设置方法。

任务一　创建文字样式

要创建文字样式,可按如下步骤进行操作:

(1)启动文字样式命令。

启动文字样式命令的方式如下:

样式工具栏: **A**。

下拉菜单:[格式]→[文字样式]。

命令:STYLE↙。

(2)选择以上任一方式启动文字样式命令后,打开"文字样式"对话框,如图6-1所示。在该对话框中可新建文字样式,也可以修改或删除已有的文字样式。

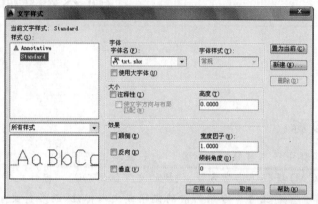

图 6-1 "文字样式"对话框

(3)默认情况下,文字样式名为 Standard,字体为 txt. shx,高度为 0,宽度因子为 1。

(4)单击"新建"按钮,打开"新建文字样式"对话框,在"样式名"编辑框中输入新的文字样式名称,如图 6-2 所示。

(5)单击"确定"按钮,返回"文字样式"对话框。

图 6-2 "新建文字样式"对话框

(6)单击"置为当前"按钮,将在"样式"下选定的文字样式置为当前文字样式。

(7)单击"删除"按钮,可以删除所选的文字样式,但默认文字样式和已经被使用的文字样式不能删除。

(8)在"字体"选项组中,设置字体名、字体样式,在"大小"和"效果"选项组中,设置字体高度和显示效果,如图 6-3 所示。

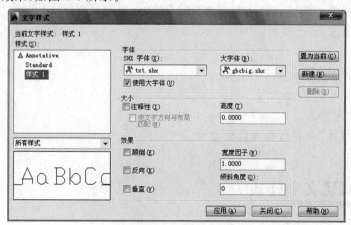

图 6-3 设置字体

（9）单击"应用"按钮，对文字样式进行的设置将应用于当前图形。

（10）单击"关闭"按钮，保存文字样式设置。

任务二　"文字样式"中各选项的设置

1."字体"选项组

（1）"字体名"或"SHX 字体"选项：用于选择字体。如选择"gbenor.shx"。

（2）选择"使用大字体"复选框，可创建支持汉字等大字体的文字样式，此时"大字体"下拉列表框被激活，从其下拉列表中选择大字体样式，用于指定大字体的格式，如汉字等亚洲型大字体，常用的字体样式为 gbcbig.shx。

2."大小"选项组

在"高度"编辑框中输入所需的文字高度。若该选项设置为 0，输入文字时将提示指定文字高度。

如果在"文字样式"对话框的"高度"编辑框中设置了字高数值，在"标注样式"中使用这种文字样式时字高为固定的设置值，不可再设置。若"高度"使用默认值为 0，则在"标注样式"中使用此文字样式时可根据绘图需要调整文字高度。

3."效果"选项组

该选项组用于设置字体的效果，如颠倒、反向、垂直和倾斜等，如图 6-4 所示。在具体设置时应注意：

图 6-4　字体效果

（1）倾斜角度：该选项与输入文字时"旋转角度（R）"选项的区别在于："倾斜角度"是指字符本身的倾斜度，"旋转角度（R）"是指文字行的倾斜度，如图 6-4 右边所示。

（2）宽度因子：用于设置字体宽度。如将仿宋体改设为长仿宋体，其宽度因子应设置为 0.67。

（3）设置颠倒、反向、垂直效果可应用于已输入的文字，而高度、宽度因子和倾斜角度效果只能应用于新输入的文字。

项目二　输入和编辑单行文字

项目目标

在 AutoCAD 中,对于单行文字来说,每一行都是一个文字对象,因此可以用来创建文字内容比较简短的文字对象(如标签),并且可以进行单独编辑。因此本项目的目标是掌握输入单行文字、设置单行文字的对齐方式、编辑单行文字、输入特殊符号的基本操作。

知识点

(1)输入单行文字。

(2)设置单行文字的对齐方式。

(3)编辑单行文字。

(4)输入特殊符号。

任务一　输入单行文字

单行文字常用于创建标注文字、标题块文字等内容。输入单行文字的步骤如下:

● 下拉菜单:[绘图]→[文字]→[单行文字]。

● 文字工具栏:"单行文字"按钮 **A**。

● 命令:TEXT↙。

启动单行文字命令后,AutoCAD 提示:

当前文字样式:Standard 文字高度:2.5

指定文字的起点或[对正(J)/样式(S)]:**单击一点** //在绘图区域中确定文字的起点

指定高度:**输入字高数值**　　　　　　　　　//输入文字高度

指定文字的旋转角度:**输入角度值**　　　　　//输入文字旋转的角度

输入文字:**输入文字**　　　　　　　　　　　//输入文字内容

按回车键换行。如果希望结束文字输入,可再次按回车键。

任务二　设置单行文字的对齐方式

在创建单行文字时,AutoCAD 会提示:

指定文字的起点或[对正(J)/样式(S)]:

其中,输入"J"回车选择"对正"选项可以设置文字对齐方式;输入"S"回车选择"样式"

选项可以设置文字使用的样式。

输入"J"回车,AutoCAD 提示:

输入选项［左(L)/居中(C)/右(R)/对齐(A)/中间(M)/布满(F)/左上(TL)/中上(TC)/右上(TR)/左中(ML)/正中(MC)/右中(MR)/左下(BL)/中下(BC)/右下(BR)］:

TL↙   //键入选项关键字 TL,选择左上对齐方式

AutoCAD 提示:

指定文字左上点:**单击一点**   //指定一点作为文字行顶线的起点

依前述再依次输入字高、旋转角度,并输入相应文字内容即可。

图 6-5 所示为几种常用的文字对齐方式。

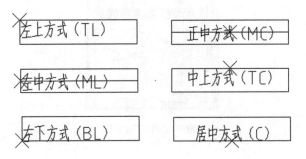

图 6-5 几种常用的文字对齐方式

注意

设置文字的其他对齐方式时,可参照下面的提示进行操作。

对齐(A):选择该选项后,AutoCAD 将提示用户确定文字行的起点和终点。输入结束后,系统将自动调整各行文字高度,以使文字适于放在两点之间。

布满(F):确定文字行的起点、终点。在不改变高度的情况下,系统将调整宽度系数,以使文字适于放在两点之间。

左上(TL):文字对齐在第一个文字单元的左上角。

左中(ML):文字对齐在第一个文字单元左侧的垂直中点。

左下(BL):文字对齐在第一个文字单元的左下角点。

正中(MC):文字对齐在文字行的垂直中点和水平中点。

中上(TC):文字的起点在文字行顶线的中间,文字向中间对齐。

居中(C):文字的起点在文字行基准底线的中点,文字向中间对齐。

另外,文字注写默认的选项是"左上"对齐方式。其余各选项的释义留给读者,不再详述。

任务三 编辑单行文字

对单行文字的编辑主要包括两个方面:修改文字特性和修改文字内容。要修改文字内容,可直接单击文字,打开如图 6-6 所示的"特性"对话框,即可对要修改文字内容进行

修改。要修改文字的特性,可利用"文字样式"对话框通过修改文字样式来获得文字的颠倒、反向和垂直等效果。

图 6-6   "特性"对话框

任务四   输入特殊符号

在输入文字时,用户除了要输入汉字、英文字符外,还可能经常需要输入诸如"φ、α、δ"等特殊符号,此时可借助 Windows 系统提供的模拟键盘,其具体操作步骤如下:

(1)选择某种汉字输入法,如"智能 ABC" 📟,打开输入法提示条。

(2)单击输入法提示条中的"模拟键盘"图标 ▦ ,打开模拟键盘列表,如图 6-7 所示。

(3)在列表中选中某种模拟键盘并打开,单击要输入的特殊符号,如图 6-8 所示。

PC键盘	标点符号
✔希腊字母	数字序号
俄文字母	数学符号
注音符号	单位符号
拼 音	制表符
日文平假名	特殊符
日文片假名	

图 6-7   输入法提示条及模拟键盘列表   图 6-8   利用模拟键盘输入特殊符号

项目三　输入和编辑多行文字

项目目标

　　使用多行文字可以创建较为复杂的文字说明,如图样的技术要求等。在 AutoCAD 中,多行文字是通过多行文字编辑器来完成的。多行文字编辑器包括一个文字格式工具栏和一个多行文字输入编辑框。本项目的目标是:掌握输入多行文字、编辑多行文字的操作。

知 识 点

　　(1)输入多行文字。
　　(2)编辑多行文字。

任务一　输入多行文字

　　启动多行文字命令的方式如下:
　　● 下拉菜单:[绘图]→[文字]→[多行文字]。
　　● 文字工具栏:"多行文字"按钮 **A**。
　　● 绘图工具栏:"多行文字"按钮 **A**。
　　● 命令:MTEXT ✓。
　　启动多行文字命令后,AutoCAD 提示:
　　当前文字样式:Standard 文字高度:2.5
　　指定第一角点:**单击一点**　　　　//在绘图区域中要注写文字处指定第一角点
　　指定对角点或[高度(H)/对正(J)/行距(L)/旋转(R)/样式(S)/宽度(W)/栏(C)]:
单击一点　　　　　　　　　　//在绘图区域中要注写文字处指定第二角点
　　按默认选项指定对角点后,AutoCAD 将以两个点作为对角点所形成的矩形区域作为文字行的宽度并打开多行文字编辑器,如图 6-9 所示。其具体操作步骤如下:

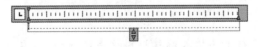

图 6-9　多行文字编辑器

（1）多行文字编辑器是由多行文字输入编辑框和文字格式工具栏组成的。在多行文字输入编辑框中输入文字,选择文字,可在文字格式工具栏中选择文字样式、修改文字高度、宽度等。

（2）常用图标选项说明：

"样式"列表框 <u>Standard ▾</u>:用来选择文字样式。

"多行文字对正"按钮 🗛:可选择文字的排列方式。

"段落"按钮 🗐:设置文本段落格式。

"符号"按钮 @▾:可选择如角度、直径、正/负号、度数等符号。

"宽度因子"文本框 ○ 1.0000 ▾:设置字符的宽高比。

"堆叠"按钮 ᵇ⁄ₐ:堆叠文字(垂直对齐的文字和分数),常用于分数和公差格式的创建,创建时先输入要堆叠的文字,然后在其间用符号"/"(以水平线分隔文字)"^"(垂直堆叠文字,不用直线分隔)"♯"(以对角线分隔文字)等符号隔开。其操作过程及效果,可见图 6-10 及其文字内容的说明。

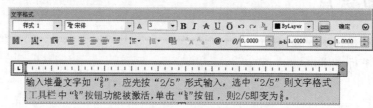

图 6-10　文字的堆叠

【课堂实训】　创建如图 6-11 所示的堆叠文字。

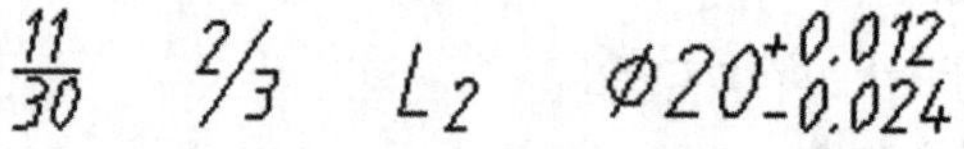

$$\frac{11}{30} \qquad 2/3 \qquad L_2 \qquad \phi 20^{+0.012}_{-0.024}$$

图 6-11　堆叠文字

操作步骤如下：

（1）分别在多行文字输入编辑框中输入"11/30""2♯3""L 空格^2""ϕ20+0.012^-0.024"。

（2）将光标置于要堆叠的文字前,选中要堆叠的文字"11/30""2♯3""空格^2""+0.012^-0.024",再单击"堆叠"按钮 ᵇ⁄ₐ,完成堆叠文字的创建,结果如图 6-11 所示。

（3）在多行文字输入编辑框中使用 Windows 文字输入法输入文字内容。

（4）输入特殊文字和字符。

在多行文字输入编辑框中单击鼠标右键,则弹出右键快捷菜单,如图 6-12 所示。其中,较为常用的操作选项有"符号""查找和替换""输入文字"等。

图 6-12　多行文字编辑右键快捷菜单

🐭**注意**

1.输入符号时,在多行文字输入编辑框内单击鼠标右键,在弹出的快捷菜单中单击

[符号]选项,会弹出下一级菜单,即符号子菜单。利用该菜单可以插入度数"°"、正负号"±"、直径"φ"以及其他符号等,如图6-13所示。

2.在多行文字输入编辑框中,通过键入"%%d、%%p、%%c"也可以在图样中输出特殊符号"°、±、φ"。

3.如果选择符号子菜单中[其他]选项,将打开"字符映射表"对话框,如图6-14所示,利用该对话框可以插入更多的字符。例如要插入符号"®",在打开的"字符映射表"对话框中选中"®",单击"选择""复制"按钮,关闭该对话框,返回到多行文字输入编辑框,在插入符号处单击鼠标右键,在弹出的快捷菜单上选择[粘贴]选项即可。

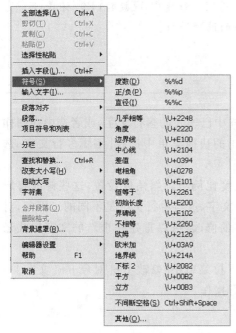

图6-13 符号子菜单

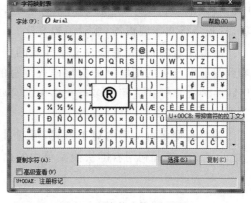

图6-14 "字符映射表"对话框

4.文字查找和替换:执行多行文字编辑右键快捷菜单中的[查找和替换]选项,可以进行多行文字的查找与替换,如图6-15所示。

图6-15 文字的查找和替换

其操作是:选择已输入的、要查找替换的文字,在多行文字输入编辑框中单击鼠标右键,弹出"查找和替换"对话框(图 6-15 上部),在"查找"文本框中输入要查找的文字,如"文字",在"替换为"文本框中输入要替换的文字,如"计算"。若要逐个查找和替换,可用 下一个(F) 和 替换(R) 按钮实现。若全部替换则单击 全部替换(A) 按钮。之后提示"搜索已完成",如图 6-15 右下部所示。

5. 在多行文字编辑右键快捷菜单中单击[输入文字]选项,系统将显示"选择文件"对话框。当选定了一个文本文件后,其内容将出现在多行文字输入编辑框中。单击文字格式工具栏中"对正"按钮▲,则出现下级文字对齐菜单。其操作极易掌握,无须多述。

另外,对于多行文字其他选项:[高度(H)/对正(J)/行距(L)/旋转(R)/样式(S)/宽度(W)/栏(C)]的操作,读者可参照单行文字类似的选项进行。

任务二　编辑多行文字

编辑多行文字的方法比较简单,可双击在图样中已输入的多行文字,或者选中在图样中已输入的多行文字,之后单击鼠标右键,从弹出的快捷菜单中选择[编辑多行文字]选项,打开多行文字编辑器,然后编辑文字。

值得注意的是:如果修改文字样式的垂直、宽度比例与倾斜角度设置,这些修改将影响到图形中已有的用同一种文字样式注写的多行文字,这与单行文字是不同的。因此,对用同一种文字样式注写的多行文字中的某些文字的修改,可以重建一个新的文字样式来实现。

若要改变多行文字的对正方式,可通过选择下拉菜单中[修改]→[对象]→[文字]→[对正]命令,或者利用右键快捷菜单中的命令进行操作。

单元训练

1. 用多行文字命令书写图 6-16 所示内容。其中标题字高为 5,内容字高为 3.5,字体均为 gbenor. shx 和大字体 gbcbig. shx。

技术要求

1.齿轮安装后,用手转动传动齿轮时,应转动灵活。

2.两齿轮轮齿的接触面应占齿面的 $\frac{3}{4}$ 以上。

图 6-16

2.完成图 6-17 所示文本的书写。文字字高为 3.5,字体均为 gbeitc. shx。

$$\varnothing 30 \pm 0.001 \quad \varnothing 50^{+0.039}_{0} \quad 50^2 \quad Z_{ab} \quad \varnothing 60^{\frac{H7}{f6}}$$

图 6-17

3.插入下列符号。

¥ $ # § &

4.输入图 6-18 所示文字。

图 6-18

5.输入图 6-19 所示文字、符号。

$$\varnothing 30 \pm 1.5 \qquad 45° \qquad 80\%$$

$$37° \text{ C} \qquad \varnothing 45^{+0.020}_{-0.001} \qquad 35 \pm 0.02$$

$$1/2 \qquad \frac{3}{4} \qquad \varnothing 60^{\frac{H7}{f6}} \qquad \varnothing 50^{+0.039}_{0}$$

$$\approx \qquad \angle \qquad m^3 \qquad n^2 \qquad m_2 \qquad \neq$$

图 6-19

6. 完成图 6-20 所示的标题栏的绘制并注写其中的文字。内容字高为 5,字体为 gbenor. shx,设置大字体为 gbcbig. shx,对齐方式为,正中对齐(MC),宽度因子为 1。

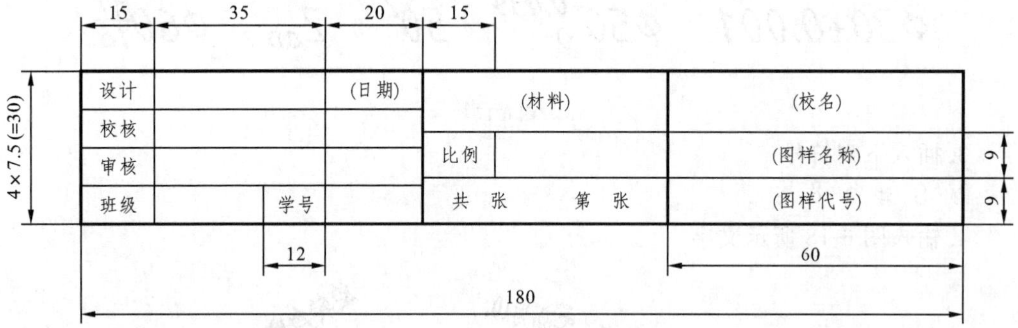

设计		(日期)	(材料)		(校名)
校核					
审核			比例		(图样名称)
班级	学号		共 张 第 张		(图样代号)

图 6-20

7. 绘制图 6-21 所示装配图标题栏和明细表,并填写标题栏和明细表内相关内容。其中"机用虎钳"用 7 号长仿宋体字,宽度因子为 0.7,其余字体字号为 3.5。

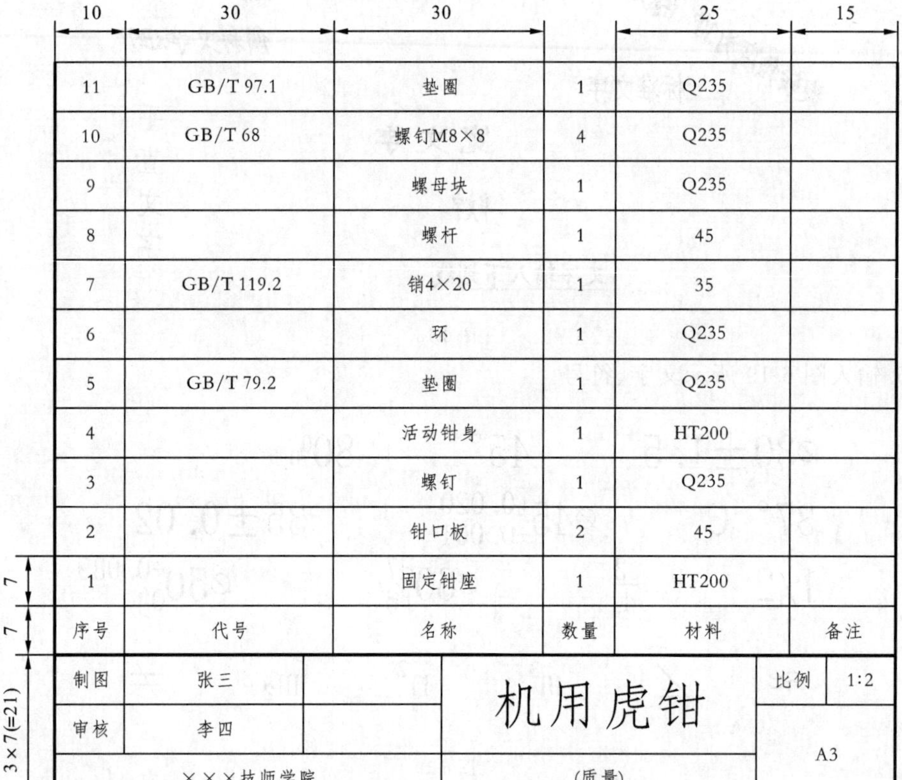

11	GB/T 97.1	垫圈	1	Q235	
10	GB/T 68	螺钉M8×8	4	Q235	
9		螺母块	1	Q235	
8		螺杆	1	45	
7	GB/T 119.2	销4×20	1	35	
6		环	1	Q235	
5	GB/T 79.2	垫圈	1	Q235	
4		活动钳身	1	HT200	
3		螺钉	1	Q235	
2		钳口板	2	45	
1		固定钳座	1	HT200	
序号	代号	名称	数量	材料	备注

制图	张三	机用虎钳		比例	1:2
审核	李四			A3	
×××技师学院		(质量)			

图 6-21

第七单元

尺寸标注

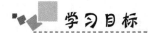
学习目标

AutoCAD 的绘图过程通常可分为四个阶段,即绘图、注释、查看和打印。在注释阶段,设计者要添加尺寸、文字、数字和其他符号,以表达有关设计要求。因此,在对工程图样进行标注前,了解尺寸标注的规则及其组成是非常必要的。

项目一　尺寸标注概述

项目目标

尺寸标注是图样中一项十分重要的内容,图样中各图形元素的位置和大小要靠尺寸来确定,一幅工程图必须正确、规范、合理地标注尺寸。本项目的目标是:掌握正确、合理、规范地标注尺寸的方法。

知识点

(1)尺寸标注的组成。
(2)尺寸标注的步骤。

任务一　尺寸标注的组成

一个完整的尺寸标注应由尺寸数字、尺寸线、尺寸界线和箭头符号等组成,如图 7-1 所示。在 AutoCAD 中,各尺寸组成的主要特点如下:

(1)尺寸数字:用于表示实际测量值。可以使用由 AutoCAD 自动计算出的测量值,提供自定义的文字或完全不用文字。如果使用生成的文字,则可以附加"加/减公差、前缀和后缀"。

(2)尺寸界线:表示尺寸线的开始和结束。通常从被标注对象延长至尺寸线,一般与尺寸线垂直。有些情况下,也可以选用某些图形对象的轮廓线或中心线代替尺寸界线。

(3)尺寸线:尺寸线表示尺寸标注的范围。通常是带有箭头且平行于被标注对象的单线段。标注文字沿尺寸线放置。对于角度标注,尺寸线可以是一段圆弧。

(4)尺寸箭头:尺寸箭头在尺寸线的两端,用于标记尺寸标注的起始和终止位置。AutoCAD 提供了多种形式的尺寸箭头,包括建筑标记、小斜线箭头、点和斜杠标记。读者也可以根据绘图需要创建自己的箭头形式。

在 AutoCAD 中,通常将尺寸的各个组成部分作为块处理,因此,在绘图过程中,一个尺寸标注就是一个对象。

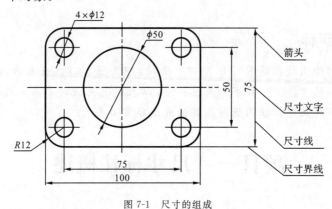

图 7-1　尺寸的组成

任务二　尺寸标注的步骤

在 AutoCAD 中标注尺寸,可通过选择"标注"下拉菜单中的命令和标注工具栏中的尺寸标注命令来完成,如图 7-2 所示。

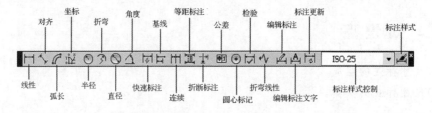

图 7-2　标注工具栏

在 AutoCAD 中,对图形进行尺寸标注应遵循以下步骤:

● 创建尺寸标注层;
● 建立用于尺寸标注的文字样式;
● 设置尺寸标注的样式;

● 捕捉标注对象并进行尺寸标注。

1. 创建尺寸标注层

在 AutoCAD 中编辑、修改工程图样时,由于各种图线与尺寸混杂在一起,使得其操作非常不方便。为了便于控制尺寸标注对象的显示与隐藏,在 AutoCAD 中应为尺寸标注创建独立的图层,运用图层技术使其与图形的其他信息分开,以便于操作。

2. 建立用于尺寸标注的文字样式

为了方便在尺寸标注时修改所标注的各种文字,应建立专用于尺寸标注的文字样式。在建立尺寸标注文字样式时,应将文字高度设置为 0,如果文字类型的默认高度值不为 0,则"新建(或修改)标注样式"对话框中"文字"选项卡中的"文字高度"选项将不起作用。

3. 设置尺寸标注的样式

标注样式是尺寸标注对象的组成方式。诸如标注文字的位置和大小、箭头的形状等。设置尺寸标注样式可以控制尺寸标注的格式和外观,有利于执行相关的绘图标准。

(1)默认的尺寸标注样式

在 AutoCAD 中,如果在绘图时选择公制单位,则系统自动提供一个默认的 ISO-25(国际标准化组织)标注样式。单击样式工具栏 ⟍ 按钮,在弹出的"标注样式管理器"对话框中可看到如图 7-3 中"预览:ISO-25"窗口所示的标注样式。单击该对话框中 修改(M)... 按钮,弹出"修改标注样式"对话框,如图 7-4 所示,单击各选项卡可以显示各选项卡设置的详细内容。

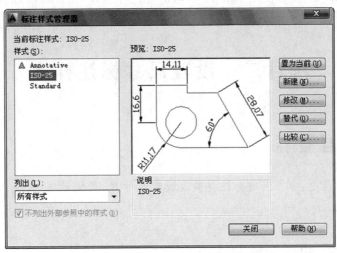

图 7-3 "标注样式管理器"对话框

①"线"选项卡:用于设置尺寸线、尺寸界线的格式和位置。

②"符号和箭头"选项卡:用于设置箭头和圆心标记、弧长符号等的格式和位置。

③"文字"选项卡:用于设置标注文字的外观、位置和对齐方式。

④"调整"选项卡:用于设置文字与尺寸线的管理规则以及标注特征比例。

⑤"主单位"选项卡:用于设置线性尺寸和角度标注单位的格式和精度等。

⑥"换算单位"选项卡:用于设置换算单位的格式。

⑦"公差"选项卡:用于设置公差值的格式和精度。

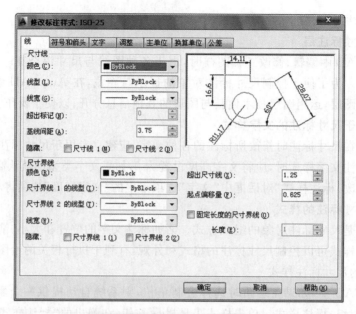

图 7-4 "修改标注样式"对话框

各选项的详细操作将在后面详细叙述。

(2)新建标注样式

在 AutoCAD 中,除了使用 ISO-25 默认的标注样式外,用户还可以根据需要建立自己的标注样式。

项目二 设置尺寸标注样式

项目目标

本项目的目标是:掌握新建标注样式及设置尺寸线、尺寸界线、箭头和圆心标记的格式和位置的方法。

知识点

(1)新建标注样式。

(2)设置尺寸线、尺寸界线、箭头和圆心标记的格式和位置。

任务一　新建标注样式

在 AutoCAD 中,新建一个自己的标注样式,其步骤如下:

(1)启动标注样式命令,方式如下:

● 下拉菜单:[格式]→[标注样式]。

● 样式工具栏:"标注样式管理器"按钮 ▲。

● 命令:DIMSTYLE ↙。

(2)启用标注样式命令后,系统弹出如图 7-3 所示的"标注样式管理器"对话框,各选项功能如下:

①"样式"列表框:显示当前图形文件中已定义的所有尺寸标注样式。

②"预览"框:显示当前尺寸标注样式设置的各种特征参数的最终效果图。

③"列出"下拉列表框:用于控制在当前图形文件中是否全部显示所有的尺寸标注样式。

④ 置为当前(U) 按钮:用于设置当前标注样式。对每一种新建立的标注样式或修改后的标注样式,均要置为当前设置才有效。

⑤ 新建(N)... 按钮:用于创建新的标注样式。

⑥ 修改(M)... 按钮:用于修改已有标注样式中的某些尺寸变量。修改标注样式时,用原标注样式标注的尺寸将被全部修改。

⑦ 替代(O)... 按钮:用于创建临时的标注样式。当采用临时标注样式标注某一尺寸后,再继续采用原来的标注样式标注其他尺寸时,其标注效果不受临时标注样式的影响。

⑧ 比较(C)... 按钮:用于比较不同标注样式中不相同的尺寸变量,并用列表的形式显示出来。

(3)创建标注样式的操作步骤如下:

①利用上述任意一种方法启用标注样式命令后,系统弹出"标注样式管理器"对话框,在"样式"列表框中显示了当前图形中已存在的标注样式,如图 7-3 所示。

②单击 新建(N)... 按钮,弹出"创建新标注样式"对话框,在"新样式名"文本框中输入新的样式名称;在"基础样式"下拉列表中选择新标注样式是基于哪一种标注样式创建的;在"用于"下拉列表中选择标注的应用范围,如应用于所有标注、半径标注、对齐标注等,如图 7-5 所示。

图 7-5　"创建新标注样式"对话框

③单击"继续"按钮,弹出"新建标注样式"对话框,如图 7-6 所示,此时用户即可应用对话框中的 7 个选项卡进行设置。

④设置完毕,单击"确定"按钮,这时将得到一个新的尺寸标注样式。

⑤在"标注样式管理器"对话框的"样式"列表框中选择新创建的样式(如"副本 ISO-25"),单击"置为当前"按钮,将其设置为当前样式。

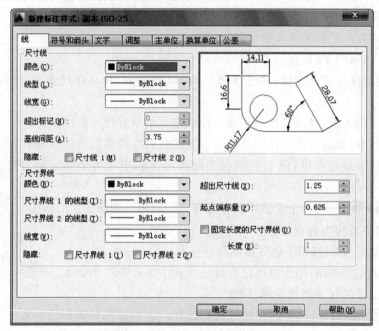

图 7-6 "新建标注样式"对话框

任务二 设置尺寸标注的格式和位置

1. 设置尺寸线和尺寸界线

利用"新建标注样式"对话框中的"线"选项卡,可以设定尺寸线、尺寸界线的格式和位置,如图 7-6 所示。

(1)尺寸线

"尺寸线"选项组用于设置尺寸线的颜色、线型、线宽、超出标记、基线间距和隐藏情况等,设置时要注意以下几点:

①"颜色"下拉列表框:用于选择尺寸线的颜色。

②"线型"下拉列表框:用于选择尺寸线的线型。

③"线宽"下拉列表框:用于指定尺寸线的宽度,线宽建议选择 ByBlock。

④"超出标记"文本框:用于控制在使用倾斜、建筑标记、积分箭头或无箭头时,尺寸线延长到尺寸界线外面的长度。图 7-7(a)、图 7-7(b)分别展示出了超出标记为 0 和不为 0 时的标注效果。

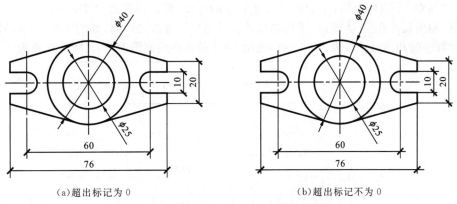

(a)超出标记为 0   (b)超出标记不为 0

图 7-7　超出标记为 0 和不为 0 时的标注效果

⑤"基线间距"文本框:用于控制使用基线型尺寸标注时,两条尺寸线之间的距离,如图 7-8 所示。

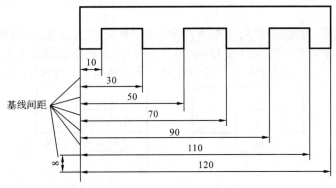

图 7-8　设置基线间距

⑥"隐藏"选项:通过选择"尺寸线 1"和"尺寸线 2"复选框,可以控制尺寸线两个组成部分的可见性。在 AutoCAD 中,尺寸线被标注文字分成两部分,即使标注文字未被放置在尺寸线内也是如此,如图 7-9 所示。

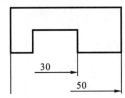 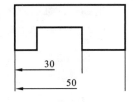

(a)隐藏尺寸线 1   (b)隐藏尺寸线 2

图 7-9　隐藏尺寸线

(2)尺寸界线

"尺寸界线"选项组用于设置尺寸界线的颜色、线型、线宽、超出尺寸线的长度、起点偏移量和隐藏情况等,各选项含义如下:

①"颜色"下拉列表框:用于选择尺寸界线的颜色。

②"尺寸界线 1 的线型"下拉列表框:用于选择尺寸界线 1 的线型。

③"尺寸界线 2 的线型"下拉列表框:用于选择尺寸界线 2 的线型。

④"线宽"下拉列表框:用于指定尺寸界线的宽度,建议设置为 ByBlock。

⑤"超出尺寸线"文本框:用于控制尺寸界线超出尺寸线的距离,如图 7-10 所示,通常规定尺寸界线的超出尺寸线为 2~3 mm,使用 1∶1 的比例绘制图形时,设置此选项为 2 或 3。

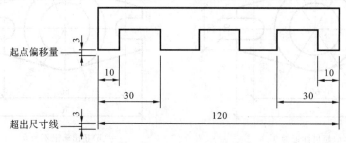

图 7-10　"超出尺寸线"和"起点偏移量"图例

⑥"起点偏移量"文本框:用于设置自图形中定义标注的点到尺寸界线的偏移距离,如图 7-10 所示。通常尺寸界线与标注对象间有一定的距离,能够较容易地区分尺寸标注和被标注对象。

⑦"隐藏"选项:通过选择"尺寸界线 1"和"尺寸界线 2"复选框,可以控制第 1 条和第 2 条尺寸界线的可见性,定义点不受影响,图 7-11(a)所示的是隐藏尺寸界线 1 时的状况;图 7-11(b)所示的是隐藏尺寸界线 2 时的状况。尺寸界线 1、2 与标注时的起点有关。

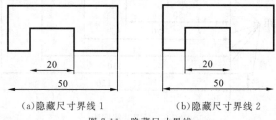

(a)隐藏尺寸界线 1　　　　　　(b)隐藏尺寸界线 2

图 7-11　隐藏尺寸界线

2. 设置箭头和圆心标记

利用"新建标注样式"对话框中的"符号和箭头"选项卡,可以设置箭头和圆心标记的格式和位置,如图 7-12 所示。

图 7-12　"新建标注样式"对话框——"符号和箭头"选项卡

（1）箭头

①"第一个"下拉列表框：用于设置尺寸线的第一个箭头样式。

②"第二个"下拉列表框：用于设置尺寸线的第二个箭头样式。当改变第一个箭头的类型时，第二个箭头将自动改变以同第一个箭头相匹配。

图7-13 19种标准的箭头类型

AutoCAD 2014 提供了 19 种标准的箭头类型，其中设置有建筑制图专用箭头类型，如图 7-13 所示，可以通过滚动条来进行选取。要指定用户定义的箭头块，可以选择"用户箭头"选项，弹出"选择自定义箭头块"对话框，选择用户定义的箭头块的名称，单击"确定"按钮即可。

①"引线"下拉列表框：用于设置引线标注时的箭头样式。

②"箭头大小"文本框：用于设置箭头的大小。

（2）圆心标记

①"圆心标记"选项组：该选项组提供了"无"、"标记"和"直线"3 个单选项，可以设置圆心标记或画中心线，效果如图 7-14 所示。

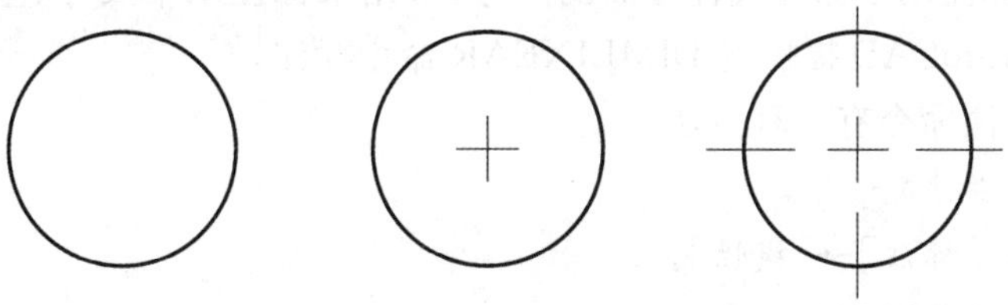

(a)无　　　　　(b)标记　　　　(c)直线

图 7-14 "圆心标记"选项

②"大小"文本框：用于设置圆心标记或中心线的大小。

项目三　标注尺寸的方法

项 目 目 标

长度尺寸标注是指在两个点之间的一组标注，这些点可以是端点、交点、圆心等；角度标注用于标注两条相交直线之间的夹角；位置标注用于通过标注选定点的坐标，来表明点的位置。

同时，当需要标注的尺寸比较密集且有一定的规律时，还可借助基线标注和连续标注方法进行快速标注。这两种标注都以现有的某个标注为基础，然后快速标注其他尺寸。

本项目的目标是：掌握线性标注、对齐标注、角度标注、基线标注、连续标注、折断标注、弧长标注、半径标注、直径标注、圆心标记、折弯标注、快速标注、尺寸公差和几何公差标注的设置方法。

知识点

(1)长度型尺寸标注。
(2)半径、直径和圆心标注。
(3)角度标注和其他类型标注。
(4)尺寸公差及几何公差的标注。

任务一　长度型尺寸标注

长度型尺寸标注用于标注图形中两点间的长度,可以是端点、交点、圆弧弦线端点或能够识别的任意两个点。在 AutoCAD 2014 中,长度型尺寸标注包括多种类型,如线性标注、对齐标注、弧长标注、基线标注和连续标注等。

1.线性标注

功能:线性标注用于标注线性方面的尺寸,常用来标注水平尺寸、垂直尺寸和旋转尺寸。可以通过 AutoCAD 提供的 DIMLINEAR 命令标注。

启用线性标注命令有三种方法:

● 标注工具栏:⊢。

● 下拉菜单:[标注]→[线性]。

● 命令:DIMLINEAR✓。

操作步骤(以图 7-15 中尺寸 20 为例)如下:

命令:DIMLINEAR✓　　　　　　　　　　　　　　　//输入命令

指定第一个尺寸界线原点或＜选择对象＞:捕捉 *B* 点　//指定第一条尺寸界线
　　　　　　　　　　　　　　　　　　　　　　　　　　原点

指定第二条尺寸界线原点:**捕捉 C 点**　　　　　　　　//指定第二条尺寸界线
　　　　　　　　　　　　　　　　　　　　　　　　　　原点

根据提示及需要进行其他选项的操作,例如"垂直标注"。

指定尺寸线位置或[多行文字(M)/文字(T)/角度(A)/水平(H)/垂直(V)/旋转(R)]:**V**✓　　　　　　　　　　　　　　　//指定线性标注的类型,
　　　　　　　　　　　　　　　　　　　　　　　　　创建垂直标注

拖动确定尺寸线的位置。

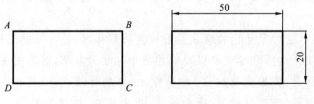

图 7-15　线性尺寸标注图例

在创建线性标注时,要注意以下几点:

(1)线性标注有 3 种方式,即水平(H)、垂直(V)和旋转(R)。其中,水平方式用于测量平行于水平方向两个点之间的距离;垂直方式用于测量平行于竖直方向两个点之间的距离;旋转方式用于测量倾斜方向上两个点之间的距离,此时需要输入旋转角度。

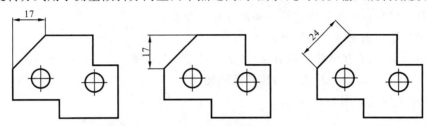

图 7-16 线性标注的 3 种方式

(2)多行文字(M):在线性标注的命令行提示中输入"M"回车,可打开多行文字编辑器,如图 7-17 所示。

其中,多行文字输入编辑框内表示在标注输出时显示系统自动测量生成的标注文字,用户可以将其删除再输入新的文字。但如果将其删除,则会失去尺寸标注的关联性。当标注对象改变时,标注尺寸数字不能自动调整。

图 7-17 使用多行文字编辑器修改添加文字

(3)文字(T):在命令行提示下输入"T"回车,可直接在命令行输入新的标注文字。此时可修改标注尺寸或添加新的内容。

(4)角度(A):在命令行提示下输入"A"回车,可指定标注文字的角度,如图 7-18 所示。

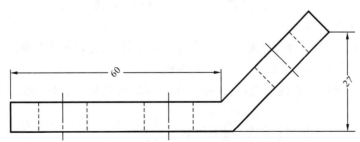

图 7-18 指定标注文字的角度

2. 对齐标注

对齐标注用于测量和标记两点之间的实际距离,两点之间连线可以为任何方向。

启用对齐标注命令有三种方法:

● 标注工具栏:🖊。

● 下拉菜单:[标注]→[对齐]。

● 命令:DIMALIGNED ✓。

操作步骤如下:

(1)利用捕捉在图样中指定第一条尺寸界线原点。

(2)指定第二条尺寸界线原点。

(3)拖动鼠标,在尺寸线位置处单击,确定尺寸线的位置。

对齐标注时,AutoCAD 提示与线性标注相同。

对齐标注图例如图 7-19 所示。

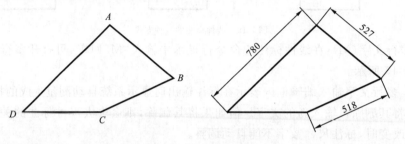

图 7-19   对齐标注图例

3. 基线标注

对于从一条尺寸界线出发的基线尺寸标注,可以快速进行标注,无须手动设置两条尺寸线之间的间隔。

启用基线标注命令有三种方法:

● 下拉菜单:[标注]→[基线]。

● 标注工具栏:"基线"按钮 🔖。

● 命令:DIMBASELINE ✓。

启用基线标注命令后,命令行提示如下:

选择基线标注:

指定第二条尺寸界线原点或[放弃(U)/选择(S)]<选择>:

其中各选项含义如下:

①选择基线标注:选择基线标注的基准标注,后面的尺寸以此为基准进行标注。如果上一个命令进行了线性尺寸标注,则不出现该提示。

②指定第二条尺寸界线原点:定义第二条尺寸界线的位置,第一条尺寸界线由基准确定。

③放弃(U):放弃上一个基线尺寸标注。

④选择(S):选择基线标注基准。

基线标注图例如图 7-20 所示。

4. 连续标注

连续标注是工程制图(特别是多用于建筑制图)中常用的一种标注方式,是指一系列首尾相连的尺寸标注。其中,相邻的两个尺寸标注间的尺寸界线作为公用尺寸界线。

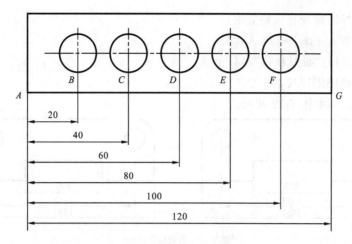

图 7-20 基线标注图例

启用连续标注命令有三种方法：

● 下拉菜单：[标注]→[连续]。

● 标注工具栏："连续"按钮 ⊢⊢⊢。

● 命令：DCO(DIMCONTINUE)↙。

启用连续标注命令后，命令行提示如下：

选择连续标注：

指定第二条尺寸界线原点或[放弃(U)/选择(S)]<选择>：

其中各选项含义如下：

①选择连续标注：选择线性标注作为连续标注的基准标注。如果上一个标注为线性标注，则不出现该提示，自动以上一个线性标注为基准标注。否则，应选择"选择(S)"选项并选取一个线性尺寸来确定连续标注。

②指定第二条尺寸界线原点：定义连续标注中第二条尺寸界线，第一条尺寸界线由标注基准确定。

③放弃(U)：放弃上一个连续标注。

④选择(S)：重新选择一个线性标注作为连续标注的基准。

连续标注图例如图 7-21 所示。

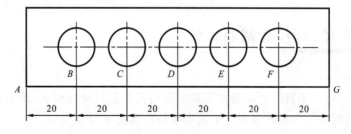

图 7-21 连续标注图例

5. 折断标注

折断标注可以在尺寸线或尺寸界线与几何对象或其他标注相交的位置将其打断。

启用折断标注命令有三种方法：

- 下拉菜单：[标注]→[标注打断]。
- 标注工具栏："折断标注"按钮 ⊥。
- 命令：DIMBREAK ✓。

折断标注图例如图 7-22 所示。

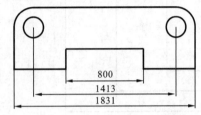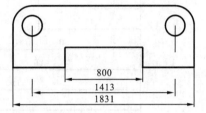

图 7-22　折断标注图例

6.弧长标注

弧长标注用于测量圆弧或多段线弧线段上的距离。

启用弧长标注命令有三种方法：

- 下拉菜单：[标注]→[弧长]。
- 标注工具栏："弧长"按钮 🮰。
- 命令：DIMARC ✓。

启用弧长标注命令后,光标变为拾取框,选择圆弧对象后,系统自动生成弧长标注,只需移动鼠标确定尺寸线的位置即可,效果如图 7-23 所示。

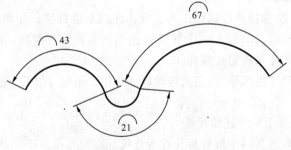

图 7-23　弧长标注图例

任务二　半径、直径和圆心标注

1.半径标注

半径标注是由一条具有指向圆或圆弧的箭头的半径尺寸线组成,测量圆或圆弧半径时,自动生成的标注文字前将显示一个表示半径长度的字母"R"。

启用半径标注命令有三种方法：

- 下拉菜单：[标注]→[半径]。
- 标注工具栏："半径标注"按钮 🮰。
- 命令：DIMRADIUS ✓。

启用半径标注命令后,命令行提示如下:

选择圆弧或圆:

标注文字＝XX

指定尺寸线位置或[多行文字(M)/文字(T)/角度(A)]:

其中各选项含义如下:

①选择圆弧或圆:选择标注半径的对象。

②指定尺寸线位置:定义尺寸线的位置,尺寸线通过圆心。确定尺寸线的位置的拾取点对文字的位置有影响,和"新建标注样式"对话框中文字、直线、箭头的设置有关。

③多行文字(M):通过多行文字编辑器输入标注文字。

④文字(T):输入单行文字。

⑤角度(A):定义文字旋转角度。

半径标注图例如图 7-24 所示。

图 7-24 半径标注图例

2. 直径标注

与圆或圆弧半径的标注方法相似。

启用直径标注命令有三种方法:

● 下拉菜单:[标注]→[直径]。

● 标注工具栏:"直径标注"按钮⊘。

● 命令:DIMDIAMETER↙。

启用直径标注命令后,命令行提示如下:

选择圆弧或圆:

标注文字＝XX

指定尺寸线位置或[多行文字(M)/文字(T)/角度(A)]:

其中各选项含义如下:

①选择圆弧或圆:选择标注直径的对象。

②指定尺寸线位置:定义尺寸线的位置,尺寸线通过圆心。确定尺寸线的位置的拾取点对文字的位置有影响,和"新建标注样式"对话框中文字、直线、箭头的设置有关。

③多行文字(M):通过多行文字编辑器输入标注文字。

④文字(T):输入单行文字。

⑤角度(A):定义文字旋转角度。

直径标注图例如图 7-25 所示。

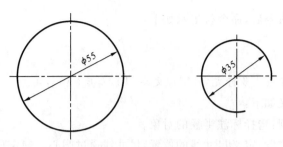

图 7-25　直径标注图例

3. 圆心标记

一般情况下是先定圆和圆弧的圆心位置再绘制圆或圆弧,但有时却是先有圆或圆弧再标记其圆心。AutoCAD 可以在选择了圆或圆弧后,自动找到圆心并进行指定的标记。

启用圆心标记命令有三种方法:

● 下拉菜单:[标注]→[圆心标记]。

● 标注工具栏:"圆心标记"按钮 ⊕。

● 命令:DIMCENTER ↙。

启用圆心标记命令后,命令行提示如下:

选择圆弧或圆:

其选项含义如下:

选择圆弧或圆:选择要加标记的圆或圆弧。

圆心标记图例如图 7-26 所示。

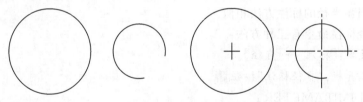

图 7-26　圆心标记图例

任务三　角度标注和其他类型标注

1. 角度标注

功能:使用角度标注可以测量圆和圆弧的角度、两条直线间的角度或者三点间的角度。

启用角度标注命令有三种方法:

● 标注工具栏:△。

● 下拉菜单:[标注]→[角度]。

● 命令:DIMANGULAR ↙。

操作步骤如下:

命令:DIMANGULAR ↙

选择圆弧、圆、直线或＜指定顶点＞:**单击直线**　　　　//选择标注对象的一条直边

选择第二条直线:**单击直线**　　　　　　　　　//选择标注对象的另一条直边

指定标注弧线位置或［多行文字(M)/文字(T)/角度(A)/象限点(Q)］:**单击一点**

　　　　　　　　　　　　　　　　　　　　　//确定标注位置

使用角度标注命令标注圆、圆弧和三点间的角度时,其操作要点是:

(1)标注圆时,首先在圆上单击确定第一个点(如点1),然后指定圆上的第二个点(如点2),再确定放置尺寸的位置。

(2)标注圆弧时,可以直接选择圆弧。

(3)标注直线间夹角时,选择两直线的边即可。

(4)标注三点间的角度时,按回车键,然后指定角的顶点1和另两个点2和3,如图7-27所示。

(5)在机械制图中,角度尺寸的尺寸线为圆弧的同心弧,尺寸界线沿径向引出。

角度标注图例如图7-27所示。

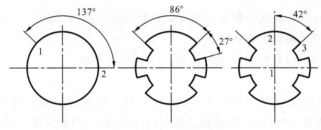

图7-27　角度标注图例

2.快速标注

使用快速标注功能,可以快速创建成组的基线、连续、阶梯和坐标标注,快速标注多个圆、圆弧以及编辑现有标注的布局。

启用快速标注命令有三种方法:

● 下拉菜单:［标注］→［快速标注］。

● 标注工具栏:"快速标注"按钮 。

● 命令:QDIM↙。

操作步骤:

在标注工具栏中单击"快速标注"按钮,AutoCAD提示:

选择要标注的几何图形:**依次选择各几何图形**↙　　//选择各轴向直线段

指定尺寸线位置或［连续(C)/并列(S)/基线(B)/坐标(O)/半径(R)/直径(D)/基准点(P)/编辑(E)/设置(T)］＜连续＞:**单击一点**　　//选择标注形式和尺寸线位置,

　　　　　　　　　　　　　　　　　　　　　　　　　　　　默认的是"连续"

标注结果如图7-28所示。

若启用快速标注命令后,在图7-29中选择三个圆,并按提示输入"D"↙,则可一次注出三个圆的直径。

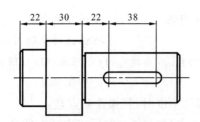

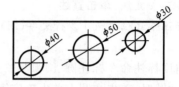

图 7-28　快速标注图例　　　　　　　图 7-29　圆的快速标注

创建快速标注时,可以根据命令行提示输入一个选项,这些选项的含义如下:

①连续(C):创建一系列连续标注。

②并列(S):创建一系列层叠标注。

③基线(B):创建一系列基线标注。

④坐标(O):创建一系列坐标标注。

⑤半径(R):创建一系列半径标注。

⑥直径(D):创建一系列直径标注。

⑦基准点(P):为基线标注和坐标标注设置新的基准点或原点。

⑧编辑(E):用于编辑快速标注。

⑨设置(T):用于设置快速标注的参数。

3.折弯标注

折弯标注是在圆弧或圆的中心位于布局外并且无法在其实际位置显示时使用,使用折弯标注可以创建折弯半径标注,也称为缩放的半径标注,可以在更方便的位置指定标注的原点。

启用折弯标注命令有三种方法:

● 下拉菜单:[标注]→[折弯]。

● 标注工具栏:"折弯"按钮。

● 命令:DIMJOGGED 。

操作步骤如下:

启用折弯标注命令之后,先单击圆弧边上的某一点,系统测量选定对象的半径,并显示前面带有一个半径符号的标注文字;接着指定新中心点的位置,用于替代实际中心点;然后确定尺寸线的位置;最后指定折弯的中点位置。

折弯标注图例如图 7-30 所示。

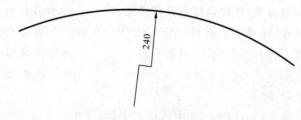

图 7-30　折弯标注图例

任务四 尺寸公差及几何公差的标注

1. 尺寸公差标注

尺寸公差是为了有效控制零件的加工精度,许多零件图上需要标注极限偏差或公差带代号,它的标注形式是通过标注样式中的公差格式来设置的。

(1)尺寸公差标注实例

下面以图 7-31 为例说明尺寸公差的标注方法。

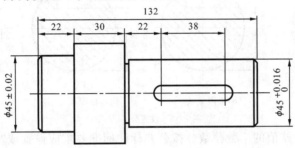

图 7-31 尺寸公差标注图例

①标注完长度尺寸以后,要标注直径尺寸时,需要通过改变公差格式的设置来完成。在下拉菜单[标注]中选择[样式]命令,在"标注样式管理器"对话框中创建新的标注样式"ISO-25公差 1"。打开"公差"选项卡,如图 7-32 所示。在"公差格式"选项组设置"方式"为"极限偏差","精度"为"0.000","上偏差"为"0.016";"高度比例"为"0.5";"垂直位置"为"中"。

②在"样式"列表框中选中该样式,利用线性标注命令标注尺寸 φ40 。

③ 同上述步骤,可标注 φ45±0.01。

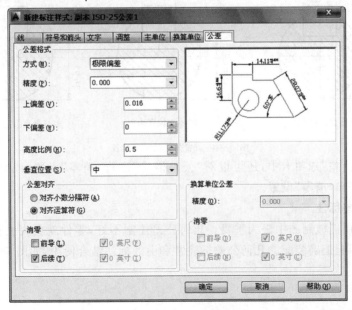

图 7-32 新建公差标注样式

（2）设置公差值的格式和精度

在机械图样中，对于不同的公差格式，可以利用"新建标注样式"对话框中的"公差"选项卡，设置公差值的格式和精度，如图 7-32 所示。

在"公差格式"选项组中，可以设置公差的格式和精度，设置时要注意以下几点：

①方式：用于设置公差的方式，如对称、极限偏差、极限尺寸和基本尺寸等，如图7-33 所示。

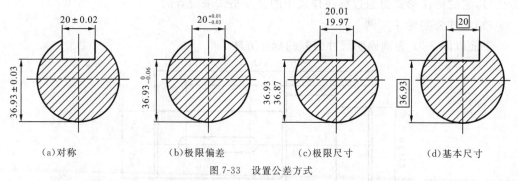

| (a)对称 | (b)极限偏差 | (c)极限尺寸 | (d)基本尺寸 |

图 7-33　设置公差方式

②精度：设置公差值的小数位数。按公差标注标准要求应设置成"0.000"。

③上偏差：输入上极限偏差的界限值，在对称公差中也可使用该值。

④下偏差：输入下极限偏差的界限值。

⑤高度比例：公差文字高度与基本尺寸主文字高度的比值。对于"对称"偏差该值应设为"1"；而对"极限偏差"则设成"0.5"。

⑥垂直位置：设置对称和极限偏差的垂直位置，主要有上、中和下三种方式，如图7-34 所示。此项一般应设成"中"。

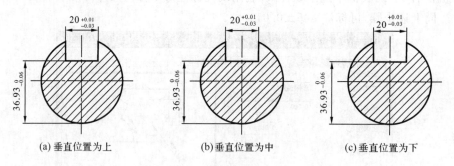

| (a)垂直位置为上 | (b)垂直位置为中 | (c)垂直位置为下 |

图 7-34　设置公差的垂直位置

此外，在"公差"选项卡中，还可以对"公差格式"进行"消零"设置，或对"换算单位公差"进行"精度"和"消零"设置。

2. 几何公差标注

几何公差在机械制图中极为重要。几何公差控制不好，零件就会失去正常的使用功能，装配件也不能正确装配。几何公差标注常和引线标注结合使用，如图 7-35 所示。

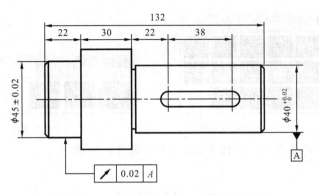

图 7-35 几何公差标注

几何公差按如下步骤进行标注：

（1）单击菜单栏［标注］→［多重引线］选项，AutoCAD 提示：

指定第一个引线点或［设置(S)］＜设置＞：↵ 　　　　//引线设置

（2）按回车键，打开"引线设置"对话框，如图 7-36 所示，在"注释"选项卡的"注释类型"选项组中选择"公差"单选钮，然后单击"确定"按钮，在图形中创建引线（其提示同引线标注），这时将自动打开"形位公差"对话框，如图 7-37 所示。

（a）

（b）

图 7-36 "引线设置"对话框

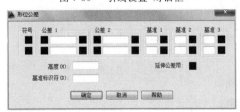

图 7-37 "形位公差"对话框

（3）单击符号框，打开"特征符号"对话框，如图 7-38 所示，在"特征符号"对话框中选择几何公差符号。

（4）参照图 7-37，在"公差 1"框中填写几何公差值 0.02，在"基准 1"框中填写基准 A，若有包容条件可参照图 7-39 选择包容条件。

图 7-38 公差特征符号   图 7-39 选择包容条件

(5)设置完成后单击"确定"按钮,标注结果如图 7-35 所示。

项目四 编辑尺寸标注

 项 目 目 标

在 AutoCAD 中,编辑尺寸标注及其文字的方法主要有三种:

(1)使用"标注样式管理器"对话框中的"修改"按钮,可通过"修改标注样式"对话框来编辑图形中所有与标注样式相关联的尺寸标注。

(2)使用编辑标注命令,可以对已标注的尺寸进行全面的修改编辑,这是编辑尺寸标注的主要方法。

(3)使用夹点编辑。由于每个尺寸标注都是一个整体对象组,因此使用夹点编辑可以快速编辑尺寸标注位置。

本项目的目标是:掌握编辑尺寸标注文字、设置尺寸标注特性以及倾斜标注的方法。

 知 识 点

(1)修改尺寸标注文字。

(2)利用夹点调整标注位置。

(3)倾斜标注。

(4)编辑尺寸标注特性。

(5)标注的关联与更新。

任务一 **修改尺寸标注文字**

1.使用编辑标注命令编辑尺寸文字

启用编辑标注命令的方式如下:

● 标注工具栏: 。

● 命令:DIMEDIT↙。

使用编辑标注命令,可以修改原尺寸为新文字、调整文字到默认位置、旋转文字和倾斜尺寸界线。如图 7-40 所示,修改标注文字"20"为"φ20""40"为"φ40",其步骤如下:

(1)在标注工具栏中单击"编辑标注"按钮 ，AutoCAD 提示:

输入标注编辑类型[默认(H)/新建(N)/旋转(R)/倾斜(O)]<默认>:**N**↙

//选择标注编辑类型

(2)此时打开多行文字编辑器。在多行文字输入编辑框中输入直径符号"％％c"。

(3)在图形中选择需要编辑的标注对象。

(4)按回车键结束对象选择,标注结果如图 7-41 所示。

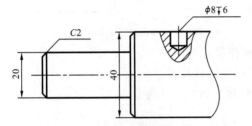

图 7-40 原始标注

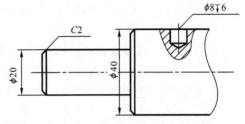

图 7-41 设置新的标注文字

命令行中各选项的功能介绍如下:

①默认(H):选择该选项,可以移动标注文字到默认位置。

②新建(N):选择该选项,可以在打开的多行文字编辑器中修改标注文字。

③旋转(R):选择该选项,可以旋转标注文字。

④倾斜(O):选择该选项,可以调整线性标注尺寸界线的倾斜角度。

如果要改变图 7-41 中文字"φ20、φ40"的角度,可使用"旋转(R)"选项,具体操作步骤如下:

(1)在标注工具栏中单击"编辑标注"按钮 。

(2)在命令行输入"R"回车,旋转标注文字。

(3)指定标注文字的角度,如 45°。

(4)在图形中选择需要编辑的标注对象"φ20 和 φ40"。

(5)按回车键结束对象选择,则标注结果如图 7-42 所示。

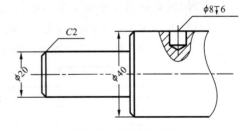

图 7-42 旋转标注文字

2.用编辑标注文字命令调整文字位置

使用编辑标注文字命令可以移动和旋转标注文字。

启用编辑标注文字命令的方式如下:

● 标注工具栏: 。

● 命令:DIMTEDIT ↙ 。

例如,要将图 7-42 中的标注文字"φ20"左对齐,可按如下步骤进行操作:

启用编辑标注文字命令:在标注工具栏中单击"编辑标注文字"按钮 。系统提示:

选择标注:**选择标注尺寸对象 φ20**

为标注文字指定新位置或[左对齐(L)/右对齐(R)/居中(C)/默认(H)/角度(A)]:**L** ↙

//选择文字位置为左对齐

这时标注文字将沿尺寸线左对齐,如图 7-43 所示。

AutoCAD 各提示选项的含义如下:

①左对齐(L):选择该选项,可以使标注文字沿尺寸线左对齐,适于线性、半径和直径标注。

②右对齐(R):选择该选项,可以使标注文字沿尺寸线右对齐,适于线性、半径和直径标注。

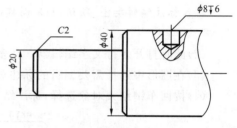

图 7-43 标注文字沿尺寸线左对齐

③居中(C):选择该选项,可以将标注文字放在尺寸线的中心。

④ 默认(H):选择该选项,可以将标注文字移至默认位置。

⑤角度(A):选择该选项,可以将标注文字旋转为指定的角度。

任务二 利用夹点调整标注位置

使用夹点可以非常方便地移动尺寸线、尺寸界线和标注文字的位置。在该编辑模式下,可以通过调整尺寸线两端或标注文字所在处的夹点来调整标注的位置,也可以通过调整尺寸界线夹点来调整标注长度。

例如,要调整图 7-44 中的轴段尺寸"25"的标注位置以及在此基础上再增加标注长度,可按如下步骤进行操作:

(1)用鼠标单击尺寸标注 25,这时在该标注上将显示夹点,如图 7-45 所示。

(2)单击标注文字所在处的夹点,该夹点将被选中。

(3)向下拖动光标,可以看到夹点跟随光标一起移动。

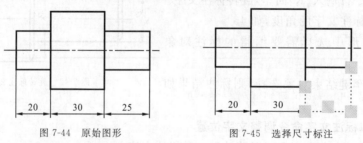

图 7-44 原始图形   图 7-45 选择尺寸标注

(4)在点 1 处单击,确定新标注位置,如图 7-46 所示。

(5)单击该尺寸界线左上端的夹点,将其选中。

(6)向左移动光标,并捕捉到点 2,单击确定捕捉到的点,如图 7-47 所示。

(7)按回车键结束操作,则该轴的总长尺寸 75 被注出,如图 7-48 所示。

图 7-46　调整标注位置　　　　图 7-47　捕捉点　　　　图 7-48　调整标注长度

任务三　倾斜标注

默认情况下,AutoCAD创建与尺寸线垂直的尺寸界线。如果尺寸界线过于贴近图形轮廓线时,允许倾斜标注,如图7-49所示长度为60的尺寸标注。因此可以修改尺寸界线的角度实现倾斜标注。创建倾斜尺寸界线的步骤如下:

(1)单击下拉菜单中[标注]→[倾斜]命令。

(2)选择需要倾斜的尺寸标注对象,若不继续选择则按回车键确认。

(3)在命令行输入倾斜的角度,如"60°",按回车键确认。这时倾斜后的标注如图7-50所示。

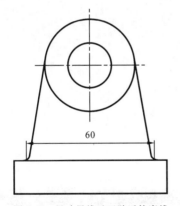
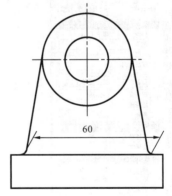

图 7-49　尺寸界线过于贴近轮廓线　　　　图 7-50　倾斜后的标注

该项操作也可利用尺寸标注编辑来完成。

任务四　编辑尺寸标注特性

在AutoCAD中,通过"特性"窗口可以了解到图形中所有的特性,例如线型、颜色、文字位置以及由标注样式定义的其他特性。因此,可以使用该窗口查看和快速编辑包括标注文字在内的任何标注特性。

打开"特性"窗口的方式如下:

● 下拉菜单:[修改]→[特性]。

● 命令：PROPERTIES↙。

编辑尺寸标注特性的步骤如下：

（1）在图形中选择需要编辑其特性的尺寸标注，如图 7-51 所示。

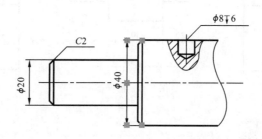

图 7-51 选择需要编辑其特性的尺寸标注

（2）选择[修改]→[特性]菜单命令，打开"特性"窗口，单击"选择对象"按钮。这时在"特性"窗口中将显示该尺寸标注的所有信息，如图 7-52 所示。

（3）在"特性"窗口中可以根据需要修改标注特性，如颜色、线型等。

（4）如果要将修改的标注特性保存到新样式中，可右击修改后的标注，从弹出的快捷菜单中选择[标注样式]→[另存为新样式]命令。

（5）系统弹出"另存为新标注样式"对话框，在其中输入新样式名，然后单击"确定"按钮，如图 7-53 所示。

图 7-52 显示标注的特性

图 7-53 "另存为新标注样式"对话框

任务五 标注的关联与更新

通常情况下，尺寸标注和样式是相关联的，当标注样式修改后，使用更新标注命令（DIMSTYLE）可以快速更新图形中与标注样式不一致的尺寸标注。

启动更新标注命令的方式如下：

● 标注工具栏：。

● 下拉菜单：[标注]→[标注样式]；[标注]→[更新]。

例如，使用标注更新命令将图 7-54 中的 φ20、R5 的文字改为水平方式，可按如下步骤进行操作：

(1)在标注工具栏中单击"标注样式"按钮，打开"标注样式管理器"对话框。

(2)单击"替代"按钮，在打开的"替代当前样式"对话框中选择"文字"选项卡。

(3)在"文字对齐"选项组中选择"水平"单选钮，然后单击"确定"按钮。

(4)在"标注样式管理器"对话框中单击"关闭"按钮。

(5)在标注工具栏中单击"更新标注"按钮。

(6)在图形中单击需要修改其标注的对象，如 φ20、R5。

(7)按回车键，结束对象选择，则更新后的尺寸标注如图 7-55 所示。

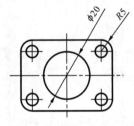 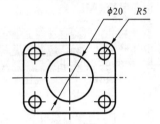

图 7-54 更新前的尺寸标注　　　图 7-55 更新后的尺寸标注

项目五　设置尺寸标注的格式

项目目标

在尺寸标注中往往还会涉及标注文字的样式、放置位置，各尺寸标注组成间的相互位置的调整，尺寸单位精度的设定及换算等设置。本项目的目标是：掌握正确、合理、规范的文字格式设置，控制标注文字、箭头、引线和尺寸线的放置，设置线性标注和角度标注的精度，设置不同单位间的换算格式及精度，管理标注样式的方法。

知识点

(1)文字格式设置。

(2)控制标注文字、箭头、引线和尺寸线的放置。

(3)设置线性标注和角度标注的精度。

(4)设置不同单位间的换算格式及精度。

任务一 **文字格式设置**

利用前述的新建标注样式的操作,在弹出的"新建标注样式"对话框中选择"文字"选项卡,可以设置标注文字的外观、位置和对齐方式,如图 7-56 所示。

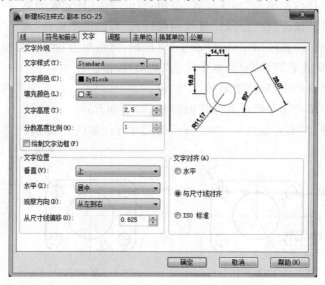

图 7-56 "新建标注样式"对话框——"文字"选项卡

1. 文字外观

"文字外观"选项组用于设置文字的样式、颜色、高度和分数高度比例,以及控制是否绘制文字边框。这些设置选项的含义如下:

(1)文字样式:在该下拉列表框中可以选择文字样式,默认为 Standard。也可以单击其后带有"…"的按钮,打开"文字样式"对话框,创建新的文字样式。

(2)文字颜色:该下拉列表框用于设置标注文字颜色,默认设置为 ByBlock(随块)。

(3)填充颜色:该下拉列表框用于设置标注文字的背景颜色。

(4)文字高度:该编辑框用于设置标注文字的高度。如果在设置"文字样式"时已设定文字高度,则此处设置的文字高度无效。

(5)分数高度比例:该编辑框用于设置标注的分数和公差的文字高度,AutoCAD 把文字高度乘以该比例,用得到的值来设定分数和公差的文字高度。

(6)绘制文字边框:选择该复选框,可为标注文字添加一个矩形边框,如图 7-57 所示。

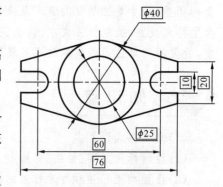

图 7-57 为标注文字添加边框

2. 文字位置

"文字位置"选项组用于设置文字的垂直、水平位置以及距尺寸线的偏移量。这些设

置选项的意义如下:

(1)垂直:用于设置标注文字相对于尺寸线的垂直位置,有居中、上、外部、JIS 和下五种方式,现列举前四种方式,如图 7-58 所示。

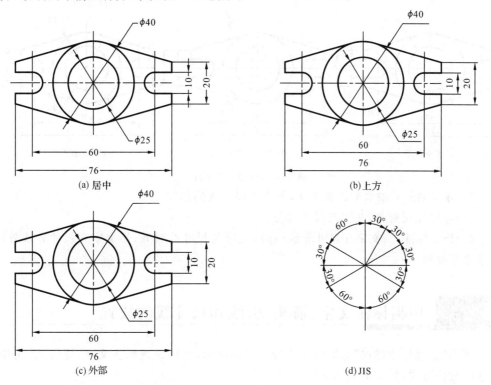

(a) 居中 (b) 上方

(c) 外部 (d) JIS

图 7-58 标注文字的垂直位置设置

(2)水平:用于设置标注文字在尺寸线方向上相对于尺寸界线的水平位置,主要有居中、第一条尺寸界线、第二条尺寸界线、第一条尺寸界线上方、第二条尺寸界线上方五种方式。

(3)从尺寸线偏移:用于设置标注文字与尺寸线之间的距离。如果标注文字位于尺寸线的中间,则表示断开处尺寸线端点与尺寸文字的间距。若标注文字带有边框,则可以控制文字边框与其中文字的距离,如图 7-59 所示。

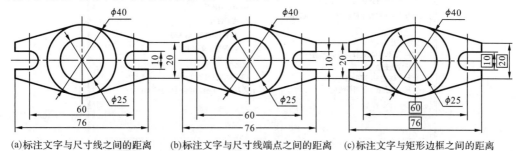

(a)标注文字与尺寸线之间的距离 (b)标注文字与尺寸线端点之间的距离 (c)标注文字与矩形边框之间的距离

图 7-59 从尺寸线偏移效果

3. 文字对齐

"文字对齐"选项组用于可以设置标注文字是保持水平、与尺寸线对齐还是按 ISO 标准放置,如图 7-60 所示。这些设置选项的含义如下:

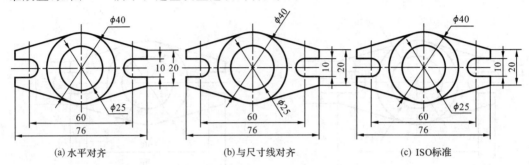

(a) 水平对齐　　　　　　　(b) 与尺寸线对齐　　　　　　　(c) ISO标准

图 7-60　标注文字对齐方式

(1)水平:沿 X 轴水平放置文字,不考虑尺寸线的角度。

(2)与尺寸线对齐:文字与尺寸线对齐。

(3)ISO 标准:当文字在尺寸界线内时,文字与尺寸线对齐;当文字在尺寸界线外时,文字水平排列。

任务二　控制标注文字、箭头、引线和尺寸线的放置

利用"新建标注样式"对话框中的"调整"选项卡,可以设置标注文字、箭头、引线和尺寸线的放置方式,如图 7-61 所示。

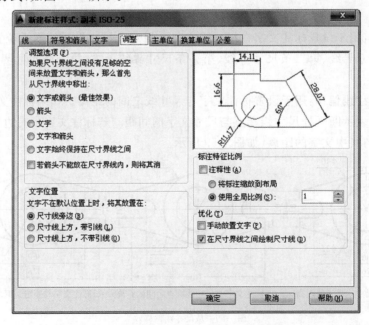

图 7-61　"新建标注样式"对话框——"调整"选项卡

1. 调整选项

该选项组可以根据尺寸界线之间的空间控制标注文字和箭头的放置方式,默认为"文字或箭头(最佳效果)"。如图 7-62 所示为各选项的设置效果。这些设置选项的含义如下:

(1)文字或箭头(最佳效果):AutoCAD 自动选择最佳放置方式。

(2)箭头:若空间足够大,则将文字放在尺寸界线之间,箭头放在尺寸界线之外,即先移箭头后移文字。否则,将两者均放在尺寸界线之外。

(3)文字:若空间足够大,则将箭头放在尺寸界线之间,文字放在尺寸界线之外,即先移文字,后移箭头。否则,将两者均放在尺寸界线之外。

(4)文字和箭头:若空间不足,则将文字和箭头放在尺寸界线之外。

(5)文字始终保持在尺寸界线之间:总将文字放在尺寸界线之间。

(6)若箭头不能放在尺寸界线内,则将其消除:选择该复选框,当不能将箭头和文字放在尺寸界线内时,则隐藏箭头。

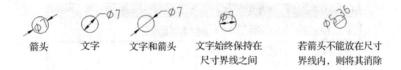

图 7-62 标注文字和箭头在尺寸界线间的放置方式

2. 文字位置

该选项组用于设置标注文字的位置。标注文字的默认位置是位于两尺寸界线之间,当文字无法放置在默认位置时,可在此处设置标注文字的放置位置,如图 7-63 所示。这些设置选项的含义如下:

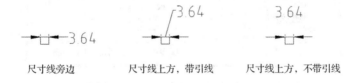

图 7-63 标注文字的位置

(1)尺寸线旁边:文字放在尺寸线旁边。

(2)尺寸线上方,带引线:文字放在尺寸线的上方,带引线。

(3)尺寸线上方,不带引线:文字放在尺寸线的上方,不带引线。

3. 标注特征比例

该选项组用于设置全局标注比例或图纸空间比例,这些设置选项的含义如下:

(1)注释性:该复选框如未被勾选,则下面的"使用全局比例"和"将标注缩放到布局"两个选项可以被设置。反之,这两个选项不可以被设置。

(2)使用全局比例:用于设置尺寸元素的比例因子,使之与当前图形的比例因子相符,此比例缩放并不改变实际尺寸的测量值。

（3）将标注缩放到布局：选择该单选钮，系统将自动根据当前模型空间视口和图纸空间之间的比例设置比例因子。在图纸空间绘图时，该比例因子为1。

4. 优化

该选项组包含以下两个选项：

（1）手动放置文字：选择该复选框，可进行手动放置文字。

（2）在尺寸界线之间绘制尺寸线：选择该复选框，AutoCAD将总在尺寸界线之间绘制尺寸线。否则，当尺寸箭头移至尺寸界线外侧时，不画出尺寸线。

任务三　设置线性标注和角度标注的精度

利用"新建标注样式"对话框中的"主单位"选项卡，可以设置线性标注和角度标注的精度，如图7-64所示。

图7-64　"新建标注样式"对话框——"主单位"选项卡

1. 线性标注

该选项组可以设置线性标注的格式和精度，这些设置选项的含义如下：

（1）单位格式：除了角度之外，该下拉列表框可设置所有标注类型的单位格式。可供选择的选项有：科学、小数、工程、建筑、分数和Windows桌面。

（2）精度：设置标注文字中保留的小数位数。

（3）分数格式：当"单位格式"选择了"分数"时才能设置此选项，可选择的分数格式有水平、对角和非堆叠，如图7-65所示。

图 7-65 分数的三种格式

（4）小数分隔符：设置十进制数的整数部分和小数部分间的分隔符。可供选择的选项包括句点(.)、逗点(,)和空格，如图 7-66 所示。常用的选项是"句点"。

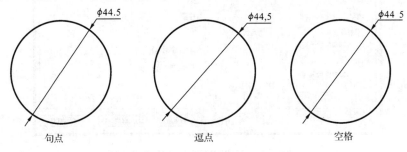

图 7-66 小数分隔符的格式

（5）舍入：将除角度外的测量值舍入到指定值。例如，如果输入 0.01 作为舍入值，AutoCAD 将 16.604 舍入为 16.60，将 28.066 舍入为 28.07。

（6）前缀和后缀：用来设置放置在标注文字前、后的文字。

（7）比例因子：设置除了角度之外的所有标注测量值的比例因子。AutoCAD 按照该比例因子放大标注测量值。

（8）仅应用到布局标注：选择该复选框，则比例因子仅对在布局里创建的标注起作用。

（9）前导：选择该复选框，系统将不输出十进制尺寸的前导零。例如，0.6670 变成.6670。

（10）后续：选择该复选框，系统将不输出十进制尺寸的后续零。例如，12.5000 变成12.5。

2. 角度标注

该选项组用于设置角度标注的格式。角度标注设置方法和线性标注类似，这里不再赘述。

任务四 设置不同单位间的换算格式及精度

换算标注单位即转换使用不同测量单位制的标注，通常是显示英制标注的等效公制标注，或公制标注的等效英制标注。在标注文字中，换算标注单位显示在主单位旁边的方括号中。

利用"新建标注样式"对话框中的"换算单位"选项卡，可以设置换算标注单位的格式，如图 7-67 所示。

图 7-67　"新建标注样式"对话框——"换算单位"选项卡

　　当"显示换算单位"复选框被选中时,AutoCAD 将显示标注的换算单位。设置换算单位的格式、精度、舍入精度、前缀、后缀和消零的方法与设置主单位的方法相同。此外,还可以设置如下选项:

　　(1)换算单位倍数:将主单位与输入的值相乘即得换算单位。在"公制"单位下,默认值为 0.039370,乘法器用此值将英寸转换为毫米。如果标注一个 1 mm 的直线,标注显示 1.00[0.039370]。

　　(2)位置:设置换算单位的位置,可以在主单位的后面或下方。其中,选择"主值下"单选钮,可将主单位放置在尺寸线的上方,将换算单位放置在尺寸线的下方。

项目六　尺寸标注实例

项 目 目 标

　　本项目的目标是:掌握尺寸标注的综合运用。

知 识 点

　　基本绘图、编辑知识及各种标注知识。

【**课堂实训**】 绘制支座两视图并标注尺寸及公差,如图 7-68 所示。

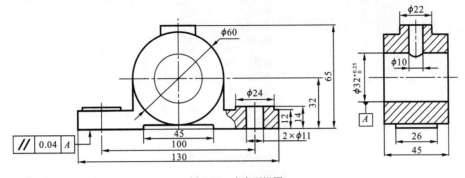

图 7-68 支座两视图

绘图步骤分解:

(1)新建图层

分别建立中心线层、细实线层、粗实线层、尺寸线层、剖面线层,并设定各层线型、颜色和线宽等属性。

(2)绘制图形

用绘图、编辑等命令,完成图形绘制。

(3)标注线性尺寸

①设置文字样式。

②设置标注样式。

③标注长度尺寸 130、100、45;高度尺寸 32、65、12、14;宽度尺寸 28、45。

单击标注工具栏 ⊢ 按钮,AutoCAD 提示:

指定第一条尺寸界线原点或 <选择对象>:**捕捉要标注尺寸 130 的左端点**

//指定第一条尺寸界线原点

指定第二条尺寸界线原点:**捕捉要标注尺寸 130 的右端点**

//指定第二条尺寸界线原点

指定尺寸线位置或[多行文字(M)/文字(T)/角度(A)/水平(H)/垂直(V)/旋转(R)]:**H**↙

//创建水平标注

在合适位置单击放置尺寸线。

用同样方法注出其他线性尺寸。

④标注各直径尺寸。

单击标注工具栏 ◌ 按钮,并利用线性标注和快捷菜单标注 $\phi 60$、$\phi 24$、$\phi 22$、$\phi 10$、$2\times$ $\phi 11$ 各圆的直径尺寸。

其中,利用捕捉和线性标注选择 $\phi 22$ 两条边,当选择尺寸线位置时右击将出现快捷菜单,如图 7-69 所示,选择其中的[多行文字]命令,将出现图 7-70 所示的多行文字编辑器,在数字前加"%%c"即可。

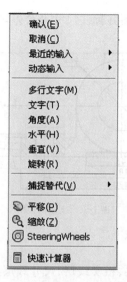

图 7-69　右键快捷菜单

图 7-70　多行文字编辑器

（4）标注尺寸公差

建立一新的公差样式，如 ISO-25 公差，将上极限偏差设为＋0.25，下极限偏差设为 0。标注 $\phi 32^{+0.25}_{0}$。

（5）标注几何公差

利用引线标注，设置"注释"为"公差"形式，标注几何公差。

单元训练

按给定的尺寸绘制图 7-71～图 7-85 所示图形，并标注尺寸。

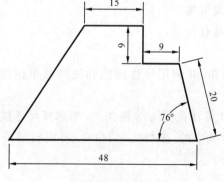

图 7-71

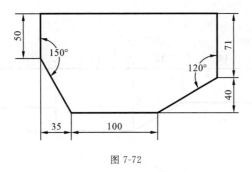

图 7-72

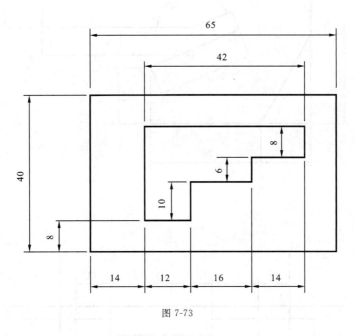

图 7-73

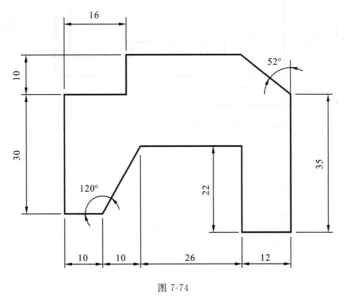

图 7-74

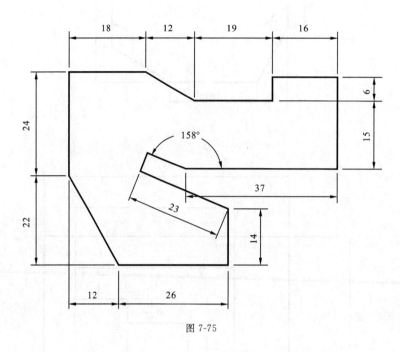

图 7-75

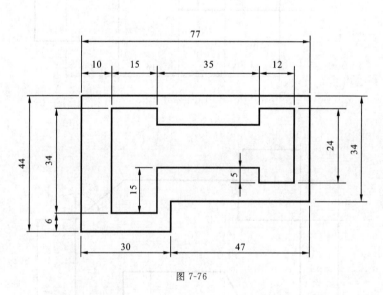

图 7-76

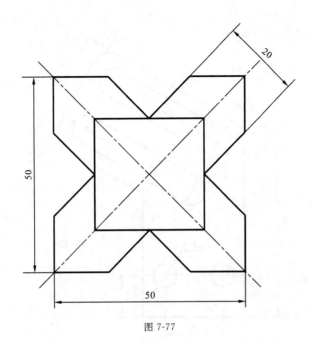

图 7-77

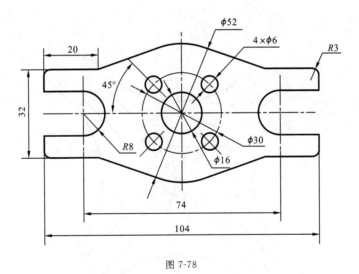

图 7-78

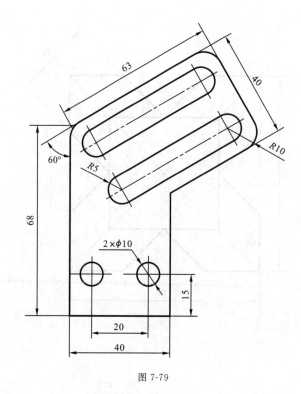

图 7-79

图 7-80

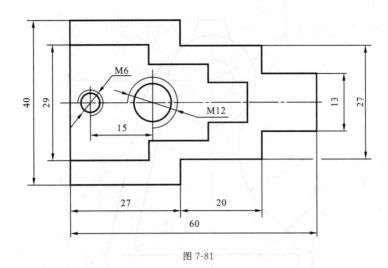

图 7-81

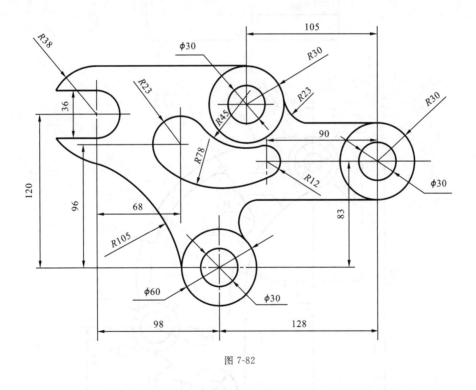

图 7-82

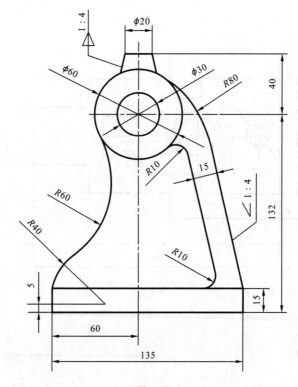

图 7-83

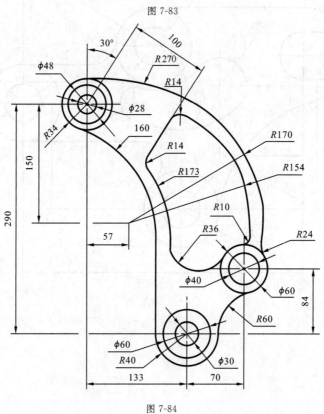

图 7-84

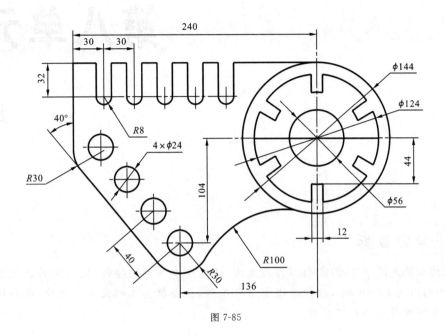

图 7-85

第八单元

块

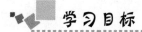

学习目标

通过本单元的学习,我们将掌握建立块、插入块以及对块操作、定义块的属性等各种知识,可利用定义块与插入块命令减少重复工作,从而提高工作效率。此外,还介绍了实际工作中经常用到的外部引用。

项目一 块的创建和插入

项目目标

AutoCAD 图形中,常需要绘制大量相同的或类似的图形对象,如机械制图中的螺栓、螺钉及表面粗糙度等。这时除了采用"复制"等方式进行图形复制或编辑外,还可以把这些经常用到的图形预先定义成图块,并在使用时将其插入到当前图形中,从而增加绘图的准确性,提高绘图速率。本项目的目标是:掌握合理、高效的利用图块的方法。

知识点

(1)块的概念。
(2)块的优点。
(3)块的创建。
(4)用块创建文件。
(5)插入块。

任务一　块的概念

图块就是将图形中的一个或几个实体组合成一个整体，将其视为一个实体，并冠以名称储存，以便以后在图形中随时调用。这些部分或全部的图形或符号（也称为块）可以按所需方向、比例因子放置（插入）在图中任意位置。块需命名（块名），并用其名字参照（插入）。块内所有对象均视作单个对象，可像对单个对象一样对块使用 MOVE、ERASE 等命令。如果块的定义改变了，所有在图中对于块的参照都将更新，以体现块的变化。

块可用 BLOCK 命令建立，也可以用 WBLOCK 命令建立图形文件。两者之间的主要区别是一个是"写块（WBLOCK）"，可被插入到任何其他图形文件中，一个是"块（BLOCK）"，只能插入到建立它的图形文件中。

AutoCAD 的另一个特征是除了将块作为一个符号插入外（这使得参照图形成为它所插入图形的组成部分），还可以作为外部参照图形（Xref）。这意味着参照图形的内容并未加入当前图形文件中，尽管在屏幕上它们成为图形的一部分。

任务二　块的优点

块有很多优点，这里只介绍一部分。

（1）图形经常有一些重复的特征。可以建立一个有该特征的块，并将其插入到任何所需的地方，从而避免重复绘制同样的特征。这种工作方式有助于减少制图时间，并可提高工作效率。

（2）使用块的另一个优点是可以建立与保存块，以便以后使用。因此，可以根据不同的需要建立一个定制的对象库。例如，如果图形与齿轮有关，就可以先建立齿轮的块，然后用定制菜单（见二次开发部分）集成这些块。以这种方式，可以在 AutoCAD 中建立自己的应用环境。

（3）当向图形中增加对象时，图形文件的容量会增加。AutoCAD 会记下图中每一个对象的大小与位置信息，譬如点、比例因子、半径等。如果用 BLOCK 命令建立块，把几个对象合并为一个对象，对块中的所有对象就只有单个比例因子、旋转角度、位置等，因此节省了存储空间。每一个多次重复插入的对象，只需在块的定义中定义一次即可。

（4）如果对象的规范改变了，图形就需要修改。如果需要查出每一个发生变化的点，然后单独编辑这些点，那将是一件很繁重的工作。但如果该对象被定义为一个块，就可以重新定义块，那么无论块出现在哪里，都将自动更正。

（5）属性（文本信息）可以包含在块中。在每一个块的插入时，可定义不同属性值。

任务三　块的创建

将一组单个的图元整合为一个对象，该对象就是图块。在该图形单元中，各实体可以具有各自的图层、线型、颜色等特征。在应用时图块作为一个独立的、完整的对象来操作。这一组实体能放进一张图纸中,可以进行任意比例的转换、旋转并放置在图形中的任意地方。

块分为内部块和外部块两种。内部块只能在创建它的图形文件中使用。

(1)启动创建内部块命令的方法如下:

● 绘图工具栏: 。

● 下拉菜单:[绘图]→[块]→[创建]。

● 命令:BLOCK ✓ 或 BMAKE ✓ 或 B ✓。

(2)具体操作过程如下:

用上述方法中的任一种启动创建内部块命令后,AutoCAD 会弹出如图 8-1 所示的"块定义"对话框,利用该对话框进行块定义。

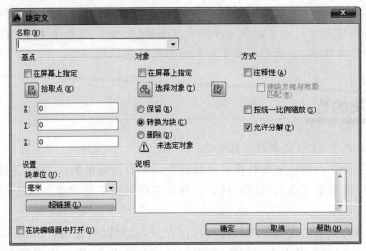

图 8-1 "块定义"对话框

该对话框中各选项的含义如下:

①"名称"下拉列表框:在此下拉列表框中输入新建图块的名称,最多可使用 255 个字符。单击下拉按钮 ▾ ,系统将弹出一下拉列表,在该下拉列表中将显示图形中已经定义好的图块名称。

②"基点"选项组:该选项组用于指定图块的插入基点。用户可以在"X""Y""Z"的文本框中直接输入插入点的 X、Y、Z 的坐标值;也可以单击"拾取点"按钮 ,用十字光标直接在作图屏幕上选取。理论上,用户可以任意选取一点作为插入点,但在实际的操作中,建议用户选取实体的特征点作为插入点,如中心点、右下角等。

③"对象"选项组:该选项组用于确定组成图块的实体。单击"选择对象"按钮 ,AutoCAD 切换到绘图窗口,用户在绘图区中选择构成图块的图形对象。在该选项组中有如下几个单选项:保留、转换为块和删除。它们的含义如下:

● 保留:保留显示所选取的要定义块的实体图形。用户选择此方式可以对各实体进行单独编辑、修改。

● 转换为块:选取的实体转化为块。

● 删除：删除所选取的实体图形。

④"方式"选项组：用于块的方式设置。"注释性"复选框控制附加在块上的文字是否为注释性文本。"按统一比例缩放"复选框指定块参照是否按统一比例缩放。"允许分解"复选框用于指定块参照是否可以被分解。

⑤"设置"选项组："块单位"编辑框用于设置插入块的单位。单击下拉按钮 ▾，将出现下拉列表选项，用户可从中选取所插入块的单位。 超链接(L)... 按钮，用于为图块设置一个超级链接。

⑥"说明"文本框：用于对块进行详细描述。用户可以在该文本框中详细描述所定义图块的资料。

任务四　用块创建文件

用 BLOCK 命令定义的块只能在同一张图形中使用，而有时用户需要调用别的图形中所定义的块。AutoCAD 提供一个 WBLOCK 命令来解决这个问题。把定义的块，作为一个独立图形文件写入磁盘中。

创建块文件的方法如下：在命令行中输入 WBLOCK↙ 或 W↙，AutoCAD 会弹出如图 8-2 所示的"写块"对话框，利用该对话框进行块文件的创建。

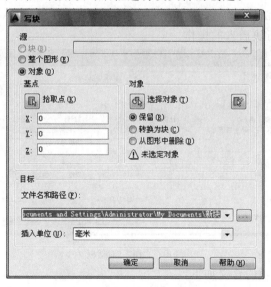

图 8-2　"写块"对话框

下面介绍该对话框中各选项的含义：

(1)"源"选项组：用户可以通过块、整个图形、对象三个单选按钮来确定块的来源。其中包含两个子选项组：

①"基点"子选项组：用于设置插入的基点。

②"对象"子选项组：用于选取对象。

(2)"目标"选项组:有两个选项:

①"文件名和路径"下拉列表框:设置输出文件名及路径。

②"插入单位"下拉列表框:设置插入块的单位。

任务五 插入块

创建好图块后,就可使用插入块命令把图块插入到当前图形中。用户可以使用 IN-SERT 命令在当前图形或其他图形文件中插入块,无论块或所插入的图形多么复杂,AutoCAD 都将它们作为一个单独的对象,如果用户需编辑其中的单个图形元素,就必须分解图块或文件块。

在插入块时,需确定以下几组特征参数,即要插入的块名、插入点的位置、插入的比例系数以及图块的旋转角度。

1. 插入块的方法

用户可以通过以下方法来启动插入块命令:

● 绘图工具栏:🖼。

● 下拉菜单:[插入]→[块]。

● 命令:INSERT ↙。

按上述任一种方法启动插入块命令后,AutoCAD 将弹出"插入"对话框,如图 8-3 所示,利用该对话框进行块插入的操作。

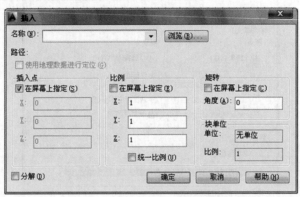

图 8-3 "插入"对话框

该对话框中各选项的含义如下:

(1)"名称"下拉列表框:其下拉列表中列出了图样中的所有图块,通过这个下拉列表,用户选择要插入的块名称。如果要把图形文件插入当前图形中,就单击浏览 浏览(B)... 按钮,然后选择要插入的文件。

(2)"插入点"选项组:该选项组用于选择图块基点在图形中的插入位置。可直接在"X""Y""Z"文本框中输入插入点的绝对坐标值,或是选中"在屏幕上指定"复选框,然后在屏幕上指定。

(3)"比例"选项组:确定块的缩放比例。可直接在"X""Y""Z"文本框中输入沿这三个方向的缩放比例因子,也可选中"在屏幕上指定"复选框,然后在屏幕上指定。

"统一比例"复选框:选中该复选框,将使块沿 X、Y、Z 方向的缩放比例都相同。

(4)"旋转"选项组:指定插入块时的旋转角度。可在"角度"文本框中直接输入旋转角度值,或是通过选中"在屏幕上指定"复选框,然后在屏幕上指定。

(5)"块单位"选项组:显示有关块单位的信息。"单位"文本框用于指定插入块的单位插入值;"比例"文本框用于设置显示的单位比例因子。

(6)"分解"复选框:若用户选择该复选框,则 AutoCAD 在插入块的同时分解块对象。

2.多重插入

多重插入命令 MINSERT 实际上是 INSERT 和 RECTANGULAR 或 ARRAY 命令的一个组合命令。该命令操作的开始阶段发出与 INSERT 命令一样的提示,然后提示用户输入信号以构造一个阵列。灵活使用该命令不仅可以大大节省绘图时间,还可以提高绘图速度,减少所占用的磁盘空间。

项目二　块的属性

项 目 目 标

本项目的目标是:掌握合理、高效的利用图块的方法。

知 识 点

(1)创建块属性。

(2)编辑属性。

任务一　创建块属性

创建块属性的方法:

● 下拉菜单:[绘图]→[块]→[定义属性]。

● 命令:ATTDEF↙。

执行上述任一操作后,AutoCAD 打开"属性定义"对话框,如图 8-4 所示,用户利用此对话框创建块属性。

该对话框中常用的选项含义如下:

(1)"属性"选项组

"标记"文本框:输入属性的标志。

"提示"文本框:输入属性提示。

图 8-4 "属性定义"对话框

"默认"文本框:输入属性的缺省值。

(2)"模式"选项组

"不可见"复选框:控制属性值在图形中的可见性。如果想使图形中包含属性信息,但不想使其在图形中显示出来,就选中这个复选框。

"固定"复选框:选中该复选框,属性值将为常量。

"验证"复选框:设置是否对属性值进行校验。若选中此复选框,则插入块并输入属性值后,AutoCAD 将再次给出提示,让用户校验输入值是否正确。

"预设"复选框:设定是否将实际属性值设置成默认值。若选中此复选框,则插入块时,AutoCAD 将不再提示用户输入新属性值,实际属性值等于"默认"文本框中的默认值。

"锁定位置"复选框:锁定块参考中属性的位置。

"多行"复选框:设置多行文字。

(3)"插入点"选项组

"在屏幕上指定"复选框:选中此复选框,AutoCAD 切换到绘图窗口,并提示"起点"。用户指定属性的放置点后,按回车键返回"属性定义"对话框。

"X""Y""Z"文本框:在这三个文本框中分别输入属性插入点的 X、Y 和 Z 坐标值。

(4)"文字设置"选项组

"对正"下拉列表框:该下拉列表中包含了十多种属性文字的对齐方式。

"文字样式"下拉列表框:从该下拉列表中选择文字样式。

"注释性"复选框:指定属性为注释性,如果块是注释性的,则属性将与块的方向相匹配。

"文字高度"文本框:用户可直接在文本框中输入属性文字高度,或单击"文字高度"按钮 切换到绘图窗口,在绘图区中拾取两点以指定属性文字高度。

"旋转"文本框:设定属性文字的旋转角度。

"边界宽度"文本框:在模式中设置多行文字时,换行至下一行前,指定多行文字属性中一行文字的最大长度。

任务二　编辑属性

1. 编辑属性定义

创建属性后，在属性定义与块相关联之前(即只定义了属性但没定义块时)，用户可对其进行编辑，方法如下：

- 下拉菜单：[修改]→[对象]→[文字]→[编辑]。
- 命令：DDEDIT ✓。

启动 DDEDIT 命令后，AutoCAD 提示"选择注释对象"，选取属性定义标记后，Auto-CAD 弹出"编辑属性定义"对话框，如图 8-5 所示。在此对话框中用户可修改属性定义的标记、提示及默认值。

图 8-5　"编辑属性定义"对话框

2. 编辑块的属性

与插入到块中的其他对象不同，属性可以独立于块而单独进行编辑。用户可以集中地编辑一组属性。在 AutoCAD 中编辑属性的命令有 DDATTE 和 EATTEDIT 两个命令。其中 DDATTE 命令可编辑单个的、非常数的、与特定的块相关联的属性值；而 EAT-TEDIT 命令可以独立于块，可编辑单个属性或对全局属性进行编辑。

(1)DDATTE

用户可以通过在命令行输入 DDATTE 来调用，选择块以后，AutoCAD 弹出如图 8-6 所示的"编辑属性"对话框。

图 8-6　"编辑属性"对话框

（2）EATTEDIT

若属性已被创建为块,则用户可用 EATTEDIT 命令来编辑属性值及属性的其他特性。可用以下的任意一种方法来启动该命令:

● 下拉菜单:[修改]→[对象]→[属性]→[单个]。

● 修改 II 工具栏: ⒁。

● 命令:EATTEDIT ✓ 或 EAT ✓。

启动该命令后,AutoCAD 提示"选择块",用户选择要编辑的图块后,AutoCAD 打开"增强属性编辑器"对话框,如图 8-7 所示。在此对话框中用户可对块属性进行编辑。

"增强属性编辑器"对话框有三个选项卡:即"属性"、"文字选项"和"特性"选项卡,它们有如下功能:

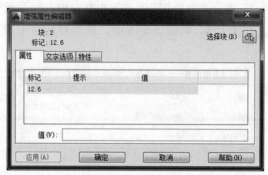

图 8-7 "增强属性编辑器"对话框

①"属性"选项卡

在该选项卡中,AutoCAD 列出当前块对象中各个属性的标记、提示和值。选中某一属性,用户就可以在"值"框中修改属性的值。

②"文字选项"选项卡

该选项卡用于修改属性文字的一些特性,如文字样式、字高等。选项卡中各选项的含义与"文字样式"对话框中同名选项含义相同。

③"特性"选项卡

在该选项卡中用户可以修改属性文字的图层、线型和颜色等。

3. 块属性管理器

用户通过块属性管理器,可以有效地管理当前图形中所有块的属性,并能进行编辑。

可用以下的任意一种方法来启动:

● 修改 II 工具栏: ⒁。

● 下拉菜单:[修改]→[对象]→[属性]→ [块属性管理器]。

● 命令:BATTMAN ✓。

启动 BATTMAN 命令,AutoCAD 弹出"块属性管理器"对话框,如图 8-8 所示。该对话框常用选项功能如下:

（1）"选择块"按钮:通过此按钮选择要操作的块。单击该按钮,AutoCAD 切换到绘图窗口,并提示:"选择块",用户选择块后,AutoCAD 又返回"块属性管理器"对话框。

图 8-8　"块属性管理器"对话框

(2)"块"下拉列表框:用户也可通过此下拉列表选择要操作的块。该下拉列表显示当前图形中所有具有属性的图块名称。

(3)"同步"按钮:用户修改某一属性定义后,单击此按钮,更新所有块对象中的属性定义。

(4)"上移"按钮:在属性列表中选中一属性行,单击此按钮,则该属性行向上移动一行。

(5)"下移"按钮:在属性列表中选中一属性行,单击此按钮,则该属性行向下移动一行。

(6)"删除"按钮:删除属性列表中选中的属性定义。

(7)"编辑"按钮:单击此按钮,打开"编辑属性"对话框,该对话框有 3 个选项卡:即"属性""文字选项""特性"选项卡。这些选项卡的功能与"增强属性编辑器"对话框中同名选项卡功能类似,这里不再讲述。

(8)"设置"按钮:单击此按钮,弹出"设置"对话框。在该对话框中,用户可以设置在"块属性管理器"对话框的属性列表中显示哪些内容。

单元训练

一、判断题

1.块在插入时,可以被缩放或旋转。

2.用 WBLOCK 命令生成的图形文件,能用于其他任一图形。　　　　　　　(　　　)

3.一个块中的对象具有它们所在图层的颜色和线型特性。　　　　　　　(　　　)

4.WBLOCK 命令允许将一个已有块转换为图形文件。　　　　　　　(　　　)

5.如果块以不同的 X、Y 比例插入,可以被分解。　　　　　　　(　　　)

二、填空题

1.＿＿＿＿＿＿＿＿命令用于将任何对象保存为块。

2.＿＿＿＿＿＿＿＿命令用于创建块属性。

三、操作题

1. 绘制图 8-9 所示图形，并标注尺寸，将表面粗糙度符号设成带属性的块，插入到图形中。

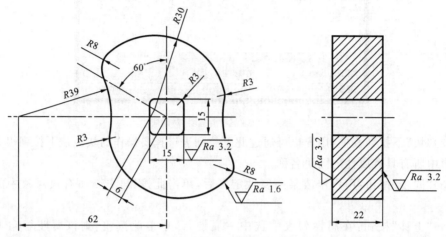

图 8-9

2. 绘制图 8-10 所示图形，创建尺寸样式、带属性的表面结构代号块和基准符号块，标注尺寸、表面结构代号和基准符号。

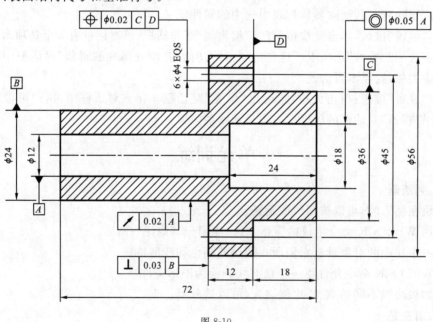

图 8-10

3.绘制图 8-11 和图 8-12 所示图形,并标注尺寸,将表面粗糙度符号设成带属性的块,插入到图形中。

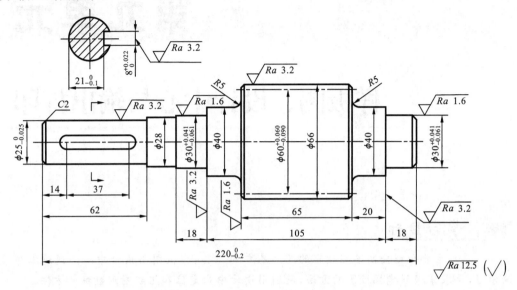

图 8-11

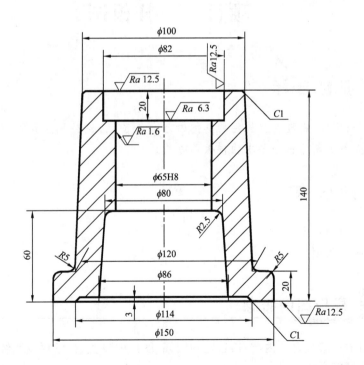

图 8-12

第九单元

样板图、设计中心与输出打印

学习目标

本单元主要介绍提高绘图效率的两个基本的工具:样板图与设计中心。通过本单元的学习,要求掌握创建样板图的方法,及利用设计中心定位和组织图形数据的方法。

项目一　样板图

项目目标

绘制样板图时,需要对样板图的具体内容进行了解,还要掌握具体的制作步骤,本项目的目标是:掌握制作符合要求的样板图方法。

知识点

(1)样板图的概念。
(2)样板图的创建。

任务一　样板图的概念

样板图中一般包含的内容有:选定的图幅、图层的设置、标题栏及明细栏、工程标注用的字体和字号等。

当使用 AutoCAD 创建一个图形文件时,通常需要先进行图形的一些基本的设置,诸如绘图单位、角度、区域等。AutoCAD 为用户提供了三种设置方式:

● 使用样板

● 使用缺省设置

● 使用向导

使用样板，其实是调用预先定义好的样板图。样板图是一种包含有特定图形设置的图形文件（扩展名为".DWT"）。

如果使用样板图来创建新的图形，则新的图形继承了样板图中的所有设置。这样就避免了大量的重复设置工作，而且也可以保证同一项目中所有图形文件的标准统一。新的图形文件与所用的样板文件是相对独立的，因此新图形中的修改不会影响样板文件。

AutoCAD中为用户提供了风格多样的样板文件，在默认情况下，这些图形样板文件存储在易于访问的 Template 文件夹中。用户可在"创建图纸集-图纸集样例"对话框中使用这些样板文件，如图 9-1 所示。如果用户要使用的样板文件没有存储在"Template"文件夹中，则可选中"浏览到其他图纸集并将其作为样例"单选按钮，打开"选择样板"对话框来查找样板文件，如图 9-2 所示。

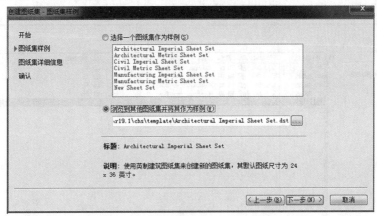

图 9-1 "创建图纸集-图纸集样例"对话框

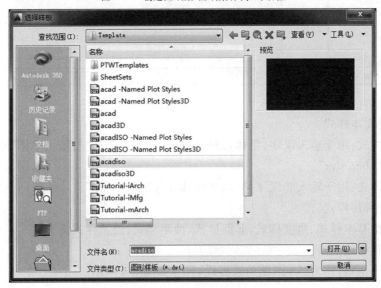

图 9-2 "选择样板"对话框

任务二 样板图的创建

除了使用 AutoCAD 提供的样板,用户也可以创建自定义样板文件,任何现有图形都可作为样板。下面,以一个实例来说明怎样创建样板图。

创建步骤分解:

1. 设置图幅

单击标准工具栏上■按钮,打开"选择样板"对话框,选择样板文件。

2. 设置图层、文本样式和标注样式

(1)设置图层

按需要设置以下图层,并设定颜色及线型,如图 9-3 所示。

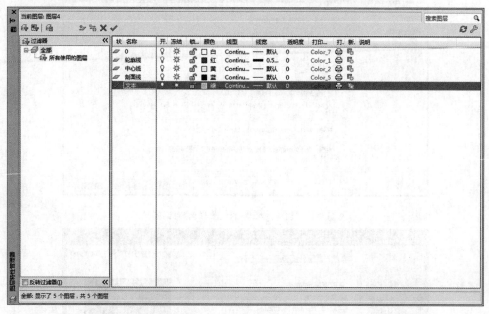

图 9-3 图层的设置

(2)设置文本样式

①汉字样式:用于输入汉字,字体选择"gbenor. shx",选择"使用大字体"复选框,大字体样式为"gbcbig. shx"。

②符号样式:用于输入非汉字符号,字体选择"gbenor. shx"。

(3)设置标注样式

主要包括基本样式、角度样式、非圆样式、抑制样式、公差样式等。

3. 建立边框线

绘制两个矩形,作为 A3 图纸的边框线,尺寸如图 9-4 所示。

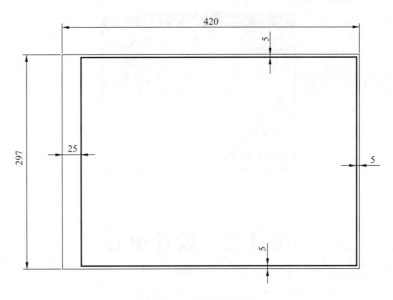

图 9-4　A3 图纸的边框线

4.保存图形文件

(1)单击［文件］→［另存为］命令，打开"图形另存为"对话框，如图 9-5 所示。

(2)在"文件类型"下拉列表中选择"AutoCAD 图形样板(＊.dwt)"，在"文件名"文本框中输入样板文件的名称(如 A3)。

图 9-5　"图形另存为"对话框

(3)单击"保存"按钮。打开"样板选项"对话框，如图 9-6 所示，在"说明"文本框中输入文字"A3 幅面样板图"，单击"确定"按钮。

图 9-6　"样板选项"对话框

项目二　设 计 中 心

项目目标

本项目的目标是:了解设计中心界面,掌握设计中心的应用。

知识点

(1)设计中心的启动和界面。
(2)使用设计中心查看内容。
(3)使用设计中心进行查找。
(4)使用设计中心编辑图形。

任务一　设计中心的启动和界面

AutoCAD 设计中心窗口不同于对话框,它就像和 AutoCAD 一起运行的一个执行文件管理及图形类型处理任务的特殊程序。

调用 AutoCAD 设计中心的方法如下:

● 标准工具栏:▦

● 命令:ADCENTER✓或 ADC✓。

使用上述任一方法调用 AutoCAD 设计中心后,AutoCAD 显示出如图 9-7 所示的"设计中心"窗口(以下简称设计中心)。

设计中心由七个主要部分组成:标题栏、工具栏、选项卡、内容区、树状视图、预览视图及说明视图。简单说明如下:

"文件夹"选项卡:将以树状视图形式显示当前的文件夹。

"打开的图形"选项卡：单击该选项卡后，可以显示 AutoCAD 设计中心当前打开的图形文件。

"历史记录"选项卡：单击该选项卡后，可以显示最近访问过的 20 个图形文件。

"搜索"按钮：单击该按钮后，可以通过"搜索"对话框查找图形。

树状视图：显示本地和网络驱动器上打开的图形、自定义内容、历史记录和文件夹。

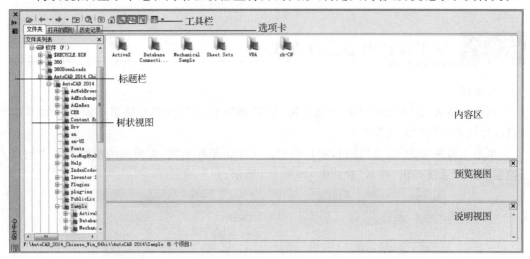

图 9-7　"设计中心"窗口

内容区：显示树状视图中选定层次结构中项目的内容。

预览视图：显示选定项目的预览图像。如果该项目没有保存预览图像，则为空。

说明视图：显示选定项目的文字说明。

任务二　使用设计中心查看内容

1. 树状视图

"树状视图"显示本地和网络驱动器上打开的图形、自定义内容、历史记录和文件夹等内容。其显示方式与 Windows 系统的资源管理器类似，为层次结构方式。双击层次结构中的某个项目可以显示其下一层次的内容；对于具有子层次的项目，则可单击该项目左侧的加号"＋"或减号"—"来显示或隐藏其子层次。

2. 内容区

用户在树状视图中浏览文件、块和自定义内容时，则"内容区"中将显示打开图形和其他源中的内容。例如，如果在"树状视图"中选择了一个图形文件，则"内容区"中显示表示图层、块、外部参照和其他图形内容的图标。如果在"树状视图"中选择图形的图层图标，则"内容区"中将显示图形中各个图层的图标。用户也可以在 Windows 的资源管理器中直接将需要查看的内容拖放到"内容区"上来显示其内容。

用户在"内容区"上单击鼠标右键弹出快捷菜单，选择［刷新］命令可对"树状视图"和"内容区"中显示的内容进行刷新，以反映其最新的变化。

3.预览视图和说明视图

对于在"内容区"中选中的项目,"预览视图"和"说明视图"将分别显示其预览图像和文字说明。在 AutoCAD 设计中心中不能编辑文字说明,但可以选择并复制。

用户可通过"树状视图"、"内容区"、"预览视图"以及"说明视图"之间的分隔栏来调整其相对大小。

任务三　使用设计中心进行查找

1.查找

利用 AutoCAD 设计中心的查找功能,可以根据指定条件和范围来搜索图形和其他内容(如块和图层的定义等)。

单击工具栏中的"搜索"按钮,或在内容区上单击鼠标右键,在弹出的快捷菜单中选择[搜索]命令,系统弹出"搜索"对话框,如图 9-8 所示。

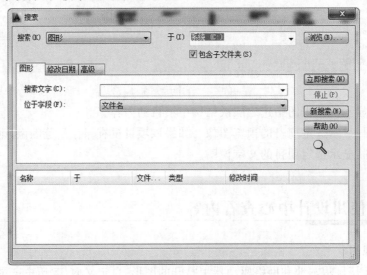

图 9-8　"搜索"对话框

(1)在该对话框的"搜索"下拉列表中给出了该对话框可查找的对象类型。

(2)在"于"下拉列表框中显示了当前的搜索路径。

(3)完成对搜索条件的设置后,用户可单击"立即搜索"按钮进行搜索,并可在搜索过程中随时单击"停止"按钮来中断搜索操作。如果用户单击"新搜索"按钮,则将清除搜索条件来重新设置。

(4)如果查找到了符合条件的项目,则将显示在对话框下部的搜索结果列表中。用户可通过如下方式将其加载到内容区中:

①直接双击指定的项目。

②将指定的项目拖到内容区中。

③在指定的项目上单击鼠标右键,在弹出的快捷菜单中选择[加载到内容区中]命令。

2. 使用收藏夹

AutoCAD 系统在安装时,自动在 Windows 系统的收藏夹中创建一个名为"Autodesk"的子文件夹,并将该文件夹作为 AutoCAD 系统的收藏夹。在 AutoCAD 设计中心中可将常用内容的快捷方式保存在该收藏夹中,以便在下次调用时进行快速查找。

如果选定了图形、文件或其他类型的内容,并单击鼠标右键,在弹出的快捷菜单中选择[添加到收藏夹]命令,就会在收藏夹中为其创建一个相应的快捷方式。

用户可通过如下方式来访问收藏夹,查找所需内容:

(1)单击工具栏中的"收藏夹"按钮。

(2)在树状视图中选择 Windows 系统的收藏夹中的"Autodesk"子文件夹。

(3)在内容区上单击鼠标右键,在弹出的快捷菜单中选择[收藏夹]命令。

如果用户在内容区上单击鼠标右键,在弹出的快捷菜单中选择[组织收藏夹]命令,将弹出 Windows 的资源管理器窗口,并显示 AutoCAD 的收藏夹内容,用户可对其中的快捷方式进行移动、复制或删除等操作。

任务四 使用设计中心编辑图形

1. 打开图形

对于内容区中或"搜索"对话框中指定的图形文件,用户可通过如下方式将其在 AutoCAD 系统中打开:

● 将图形拖放到绘图区域的空白处。

● 在该项目上单击鼠标右键,在弹出的快捷菜单中选择[插入为块]命令。

2. 将内容添加到图形中

通过 AutoCAD 设计中心可以将内容区或"搜索"对话框中的内容添加到打开的图形中。根据指定内容类型的不同,其插入的方式也不同。

(1)插入块

在 AutoCAD 设计中心中可以使用两种不同方法插入块:

①将要插入的块直接拖放到当前图形中。这种方法通过自动缩放比较图形和块使用的单位,根据两者之间的比率来缩放块的比例。在块定义中已经设置了其插入时所使用的单位,而在当前图形中则通过"图形单位"对话框来设定从设计中心插入的块的单位,在插入时系统将对这两个值进行比较并自动进行比例缩放。

②在要插入的块上单击鼠标右键,在弹出的快捷菜单中选择[插入为块]命令。这种方法可按指定坐标、缩放比例和旋转角度插入块。

(2)附着光栅图像

可使用如下方式来附着光栅图像:

①将要附着的光栅图像文件拖放到当前图形中。

②在图像文件上单击鼠标右键,在弹出的快捷菜单中选择[附着图像]命令。

（3）附着外部参照

将图形文件中的外部参照对象附着到当前图形文件中的方式为：

①将要附着的外部参照对象拖放到当前图形中。

②在图像文件上单击鼠标右键，在弹出的快捷菜单中选择［附着外部参照］命令。

（4）插入图形文件

对于 AutoCAD 设计中心的图形文件，如果将其直接拖放到当前图形中，则系统将其作为块对象来处理。如果在该文件上单击鼠标右键，则有两种选择：

①选择"作为块插入"命令，可将其作为块插入到当前图形中。

②选择"作为外部参照附着"命令，可将其作为外部参照附着到当前图形中。

（5）插入其他内容

与块和图形一样，也可以将图层、线型、标注样式、文字样式、布局和自定义内容添加到打开的图形中，其添加方式相同。

（6）利用剪贴板插入对象

对于可添加到当前图形中的各种类型的对象，用户也可以将其从 AutoCAD 设计中心复制到剪贴板，然后粘贴到当前图形中。具体方法为：选择要复制的对象，单击鼠标右键，在弹出的快捷菜单中选择［复制］命令。

项目三　输出打印

项目目标

本项目的目标是：从模型空间打印图形。

知识点

（1）创建打印布局。

（2）从模型空间打印图形。

任务一　创建打印布局

布局是一种图纸空间环境，它模拟图纸页面，提供直观的打印设置。在布局中可以创建并放置视口对象，还可以添加标题栏或其他几何图形。可以在图形中创建多个布局以显示不同视图，每个布局可以包含不同的打印比例和图纸尺寸。布局显示的图形与图纸页面上打印出来的图形完全一样。

1. 模型空间与图纸空间

前面所述的所有内容都是在模型空间中进行的，模型空间是一个三维空间，主要用于几何模型的构建。而在对几何模型进行打印输出时，则通常在图纸空间中完成。图纸空间就像一张图纸，打印之前可以在上面排放图形。图纸空间用于创建最终的打印布局，而不用于绘图或设计工作。

在 AutoCAD 中，图纸空间是以布局的形式来使用的。一个图形文件可包含多个布局，每个布局代表一张单独的打印输出图纸。在绘图区域底部选择"布局"选项卡，就能查看相应的布局。选择"布局"选项卡，就可以进入相应的图纸空间环境，如图 9-9 所示。

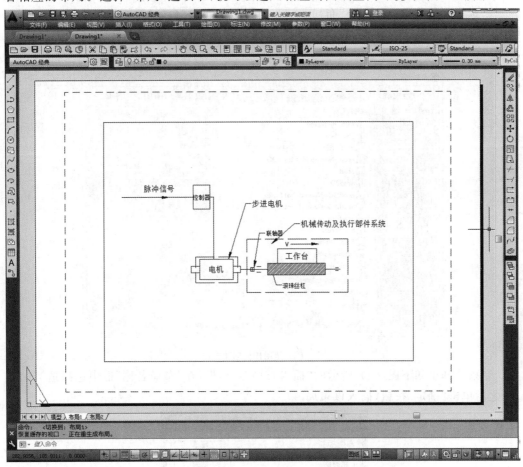

图 9-9　图纸空间

在图纸空间中，用户可随时选择"模型"选项卡（或在命令行窗口输入"MODEL"并回车）来返回模型空间，也可以在当前布局中创建浮动视口来访问模型空间。浮动视口相当于模型空间中的视图对象，用户可以在浮动视口中处理模型空间的对象。在模型空间中的所有修改都将反映到所有图纸空间视口中。

2. 创建布局

我们在建立新图形的时候，AutoCAD 会自动建立一个"模型"选项卡和两个"布局"选项卡。其中，"模型"选项卡用来在模型空间中建立和编辑图形，该选项卡不能删除，也不能重命名；"布局"选项卡用来编辑 打印图形的图纸，其个数没有限制，且可以重命名，如图 9-9 所示。

创建布局有三种方法：新建布局、利用样板、利用向导。

（1）新建布局

在"布局"选项卡上单击鼠标右键，在弹出的快捷菜单中选择[新建布局]命令，系统会自动添加"布局3"的布局选项卡。

（2）利用样板创建布局

我们也可以利用样板来创建新的布局，操作如下：

①选择下拉菜单[插入]→[布局]→[来自样板的布局]命令，系统弹出如图9-10所示的"从文件选择样板"对话框，在该对话框中选择适当的图形文件样板，之后单击"打开"按钮。

图9-10　使用样板创建布局

②系统弹出如下图9-11所示的"插入布局"对话框，在"布局名称"框中选择适当的布局，之后单击"确定"按钮，插入该布局。

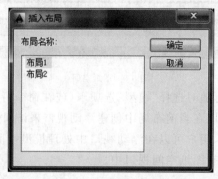

图9-11　"插入布局"对话框

（3）利用向导创建布局

①选择下拉菜单[插入]→[布局]→[创建布局向导]命令，系统弹出如图9-12所示的对话框，在该对话框中输入新布局的名称，之后单击"下一步"按钮。

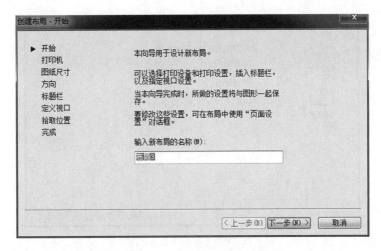

图 9-12　利用布局向导创建布局之 1

②在弹出的对话框(图 9-13)中选择打印机,单击"下一步"按钮。系统弹出如图 9-14 所示的对话框,在此对话框中选择图形单位和图纸尺寸,单击"下一步"按钮。在弹出的对话框(图 9-15)中指定打印方向,并单击"下一步"按钮。

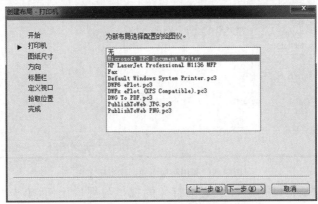

图 9-13　利用布局向导创建布局之 2

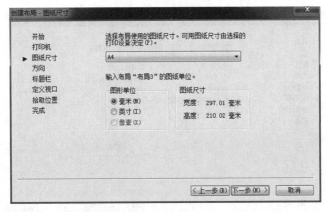

图 9-14　利用布局向导创建布局之 3

③在弹出的对话框(图 9-16)中选择标题栏,单击"下一步"按钮。

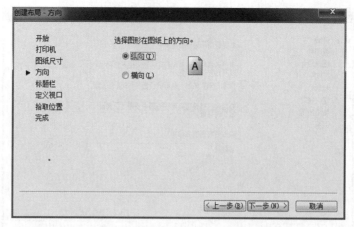

图 9-15　利用布局向导创建布局之 4

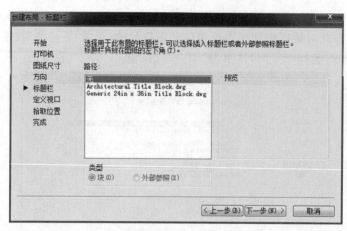

图 9-16　利用布局向导创建布局之 5

④在弹出的对话框(图 9-17)中定义打印的视口与视口比例,单击"下一步"按钮,并指定视口配置的角点,如图 9-18 所示,单击"下一步"按钮,再单击"完成"按钮,完成创建布局,如图 9-19 所示。

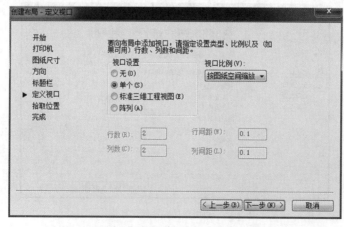

图 9-17　利用布局向导创建布局之 6

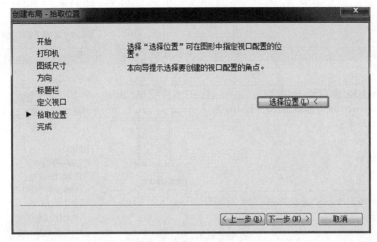

图 9-18 利用布局向导创建布局之 7

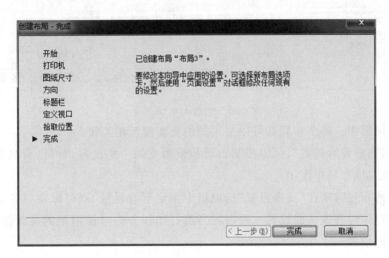

图 9-19 利用布局向导创建布局之 8

任务二 从模型空间打印图形

用户可以在模型空间或任一布局中调用打印命令来打印图形,该命令的调用方式为:

● 标准工具栏:🖼。

● 下拉菜单:[文件]→[打印]。

● 命令:PLOT↙或 PRINT↙。

调用该命令后,系统将弹出"打印-模型"对话框,如图 9-20 所示。

该对话框的内容简单介绍如下:

(1)"页面设置"选项组

创建布局时,需要指定绘图仪和设置(例如,页面尺寸和方向)。这些设置将作为页面

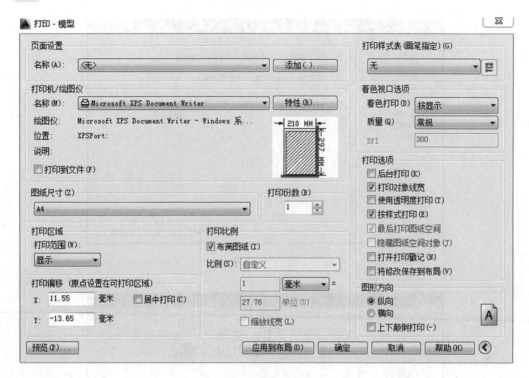

图 9-20 "打印-模型"对话框

设置保存在图形中。每个布局都可以与不同的页面设置相关联。

使用"页面设置管理器",可以控制布局和模型空间中的设置。可以命名并保存页面设置,以便在其他布局中使用。

如果创建布局时未在"页面设置"选项组中指定所有设置,则可以在打印之前设置页面。或者在打印时替换页面设置。可以对当前打印任务临时使用新的页面设置,也可以保存新的页面设置。

(2)"打印样式表"选项组

打印样式是一种可选方法,用于控制每个对象或图层的打印方式。将打印样式指定给对象或图层会在打印时替代特性,例如,颜色、线宽和线型。仅打印对象的外观受打印样式的影响。

打印样式表收集了多组打印样式,并将它们保存到文件,以便以后打印时应用。

打印样式有两种类型:颜色相关和命名。一个图形只能使用一种类型的打印样式表。用户可以在两种打印样式表之间转换,也可以在设置了图形的打印样式表类型之后,修改所设置的类型。

对于颜色相关打印样式表,对象的颜色确定如何对其进行打印。这些打印样式表文件的扩展名为 .ctb。不能直接为对象指定颜色相关打印样式。相反,要控制对象的打印颜色,必须更改对象的颜色。例如,图形中所有被指定为红色的对象均以相同的方式打印。

命名打印样式表使用直接指定给对象和图层的打印样式。这些打印样式表文件的扩

展名为 .stb。使用这些打印样式表可以使图形中的每个对象以不同颜色打印，与对象本身的颜色无关。

（3）"打印选项"选项组

"后台打印"复选框：指定着色打印选项："按显示""线框"或"消隐"。此设置的效果反映在打印预览中，而不反映在布局中。

"打印对象线宽"复选框：指定打印对象和图层的线宽。

"使用透明度打印"复选框：指定将打印应用于对象和图层的透明度级别。"使用透明度打印"仅适用于线框和隐藏打印。

"按样式打印"复选框：指定使用打印样式来打印图形。选择此复选框将自动打印线宽。如果不选择此复选框，将按指定给对象的特性打印对象，而不是按打印样式打印。

"最后打印图纸空间"复选框：指定先打印模型空间中的对象，然后打印图纸空间中的对象。

"隐藏图纸空间对象"复选框：指定"隐藏"操作是否应用于布局视口中的对象。此设置的效果反映在打印预览中，而不反映在布局中。

"打开打印戳记"复选框：打开打印戳记，并在每个图形的指定角上放置打印戳记并将戳记记录到文件中。打印戳记设置在"打印戳记"对话框中指定，从中可以指定要应用到打印戳记的信息，例如图形名称、日期和时间、打印比例等。

"将修改保存到布局"复选框：将在"打印-模型"对话框中所做的修改保存到布局。

（4）"图形方向"选项卡：

选择"纵向"单选按钮，表示用图纸的短边作为图形页面的顶部。选择"横向"单选按钮，则表示用图纸的长边作为图形页面的顶部。无论使用哪一种图形方式，都可以通过选择"上下颠倒打印"复选框来得到相反的打印效果。

（5）"打印区域"选项组

指定要打印的区域，可选择以下五种定义中的一种：

"图形界限"：打印指定图纸尺寸页边距内的所有对象。

"范围"：打印图形的当前空间中的所有几何图形。

"显示"：打印"模型"选项卡的当前视口中的视图。

"视图"：打印一个已命名视图。如果没有已命名视图，此选项不可用。

"窗口"：打印由用户指定的区域内的图形。用户可单击"窗口(O)＜"按钮返回绘图区来指定打印区域的两个角点。

（6）"打印比例"选项组：选择或定义打印单位(英寸或毫米)与图形单位之间的比例关系。如果选择了"缩放线宽"复选框，则线宽的缩放比例与打印比例成正比。

（7）"打印偏移"选项组：指定相对于可打印区域左下角的偏移量。如选择"居中打印"复选框，则自动计算偏移值，以便居中打印。

单元训练

一、回答下列问题

1.怎样建立样板图？

2.怎样调用样板图？

如何调用 AutoCAD 设计中心？

二、操作题

1.利用建立的 A3 样板图绘制图 9-21 所示图样。

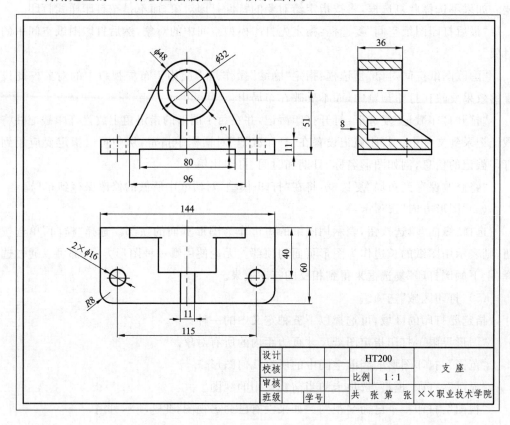

图 9-21

2.利用 AutoCAD 设计中心绘制图 9-22 所示图样。

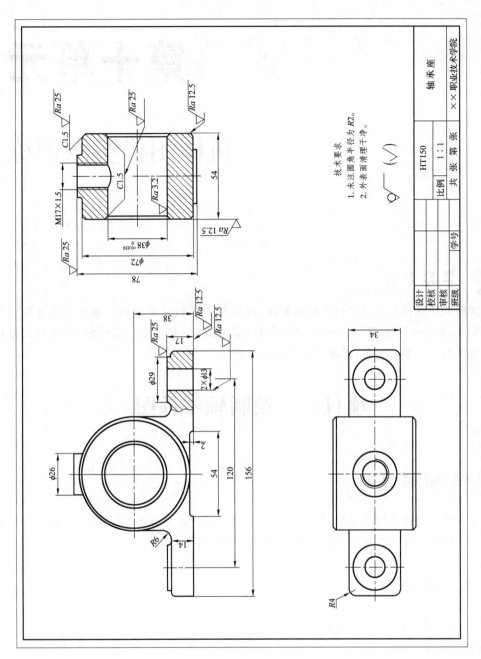

图 9-22 轴承座零件图

第十单元

机械图样实例训练

 **学习目标**

机械工程图样是生产实际中机器制造、检测与安装的重要依据。本单元通过零件图绘制实例，综合运用前面所学知识，详细介绍机械图样绘制方法。通过学习，使用户绘图的技能得到进一步的训练，掌握更多的实用技巧。

项目一　绘制轴零件图

 项目目标

以轴零件图的绘制为实例，综合性地复习和巩固所学习的内容。本项目的目标是：掌握绘图的基本步骤和方法，能够熟练使用本项目所学习的知识。

 知识点

(1)设置绘图界限、绘图单位和精度。

(2)设置绘图所需图层。

(3)合理使用各种绘图、编辑等工具。

【课堂实训】　绘制如图 10-1 所示的平面图形。

绘图步骤分解：

1.调用样板图，开始绘新图

(1)在绘制一幅新图之前应根据所绘图形的大小及个数，确定绘图比例和图纸尺寸，建立或调用符合国家机械制图标准的样板图。绘图应尽量采用 1∶1 比例，假如我们需要一张 1∶5 的机械图样，通常的作法是，先按 1∶1 比例绘制图形，然后用比例命令

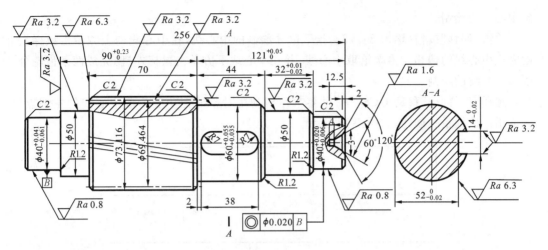

图 10-1 轴零件图

(SCALE)将所绘图形缩小到原图的 1/5,再将缩小后的图形移至样板图中。

(2)如果没有所需样板图,则应先设置绘图环境。设置包括绘图界限、单位、图层、颜色和线型、文字及尺寸样式等内容。

本例选择 A3 图纸,绘图比例为 1∶1,图层、颜色和线型设置见表 10-1,全局线型比例为 1∶1。

(3)用 SAVERS 命令指定路径保存图形文件,文件名为"轴零件图.dwg"。

表 10-1   图层、颜色、线型设置

图层名	颜色	线型	线宽/mm
粗实线	绿色	Continuous	0.5
细实线	白色	Continuous	0.25
虚线	黄色	HIDDEN	0.25
中心线	红色	CENTER	0.25
文字	白色	Continuous	0.25
尺寸	白色	Continuous	0.25

2. 绘制图形

绘图前应先分析图形,设计好绘图顺序,合理布置图形,在绘图过程中要充分利用缩放、对象捕捉、极轴追踪等辅助绘图工具,并注意切换图层。

(1)绘制中心线

轴的零件图具有一对称轴,且整个图形沿轴线方向排列,大部分线条与轴线平行或垂直。根据图形这一特点,我们可先画出轴的中心线,再绘制上半部分或下半部分,然后用镜像命令复制出轴的下半部分。

方法:

单击图层工具栏上的"图层控制"下拉列表框,打开图层控制下拉列表,选择中心线层并将其设置为当前层。

单击"直线"按钮,并在绘图区的合适位置单击确定中心线的第一点。按下状态栏的"正交"按钮,移动光标使直线呈水平状态,在命令行输入 260,并单击鼠标右键完成第一

条中心线的绘制。

单击"偏移"按钮,输入 34.732,拾取刚才绘制的中心线,在中心线的上方单击鼠标左键完成中心线的偏移。再次拾取中心线,并在中心线下方单击鼠标左键,完成两条齿轮分度圆中心线的绘制。

选择[工具]→[移动 UCS]→[世界]命令,利用对象捕捉功能拾取中心线的左端点,完成用户坐标系的创建,如图 10-2 所示。

图 10-2 中心线的绘制

(2)轴上半部分外轮廓绘制

将粗实线层置为当前层。单击"直线"按钮,命令行提示:"_line 指定第一点:"输入 0,0,回车。向上移动光标,输入 20,回车;向右移动光标,输入 45,回车;向上移动光标,输入 5,回车;向右移动光标,输入 20,回车;向上移动光标,输入 11.558,回车;向右移动光标,输入 70,回车;向下移动光标,输入 6.558,回车;向右移动光标,输入 44,回车;向下移动光标,输入 5,回车;向右移动光标,输入 32,回车;向下移动光标,输入 5,回车;向右移动光标,输入 45,回车;向下移动光标,输入 20,回车,完成轴上半部分外轮廓的绘制,如图 10-3 所示。

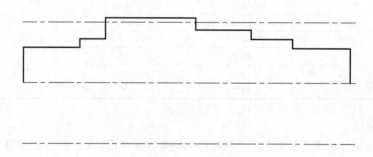

图 10-3 轴上半部分外轮廓绘制

(3)倒角与圆角处理

单击"倒角"按钮,对图 10-4 中①、⑤、⑨、⑬、⑰、㉑倒角,两侧倒角距离设为 2;单击"圆角"按钮,对图中③、⑮、⑲倒半径为 1.2 的圆角。

(4)完成轴绘制

单击"镜像"按钮,拾取前面所绘制的全部粗实线。系统提示指定镜像线时,拾取中心线的左、右两端点。当命令行提示"是否删除源对象?[是(Y)/否(N)]<N>:"时,接受缺省选项"N",完成线段的镜像拷贝,轴外轮廓绘制完成,如图 10-4 所示。

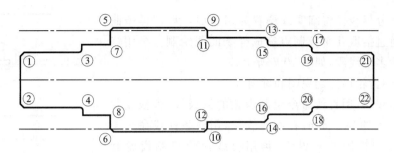

图 10-4 轴外轮廓绘制

图中还缺少许多线段,需用直线命令补齐。单击"直线"按钮,按下状态栏中的"对象捕捉"按钮。拾取端点⑦和⑧,完成轴中间缺少线段的绘制。重复操作补齐所有线段,如图 10-5 所示。

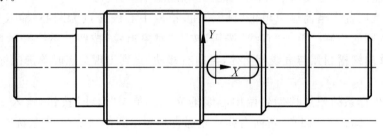

图 10-5 轴轮廓及键槽绘制

(5)键槽绘制

拾取图 10-4 中⑪、⑫连线和中心线相交点,完成新的用户坐标系的创建。

将中心线层置为当前层,单击"直线"按钮,输入坐标值 9,-10,回车。向上移动光标,输入 20,回车,完成键槽左侧中心线的绘制。单击"偏移"按钮,输入距离 24,回车,再拾取刚绘制的中心线,完成键槽右侧中心线的绘制。

将轮廓线层置为当前层,单击"圆"按钮,分别拾取左、右两侧键槽中心线与轴线交点为圆心,完成两个 φ14 圆的绘制。

单击"直线"按钮,拾取两圆的象限点,完成两直线的绘制。

单击"修剪"按钮,拾取两个 φ14 圆和两条与之相切的直线,单击鼠标右键结束对象选择。单击两圆内侧将之删除。再单击鼠标右键确认,完成键槽绘制,如图 10-5 所示。

(6)中心孔的绘制

将用户坐标原点移动到轴右端与轴线的交点处。单击"直线"按钮,输入-12.5,0。向上移动光标,输入 1.5,回车;向右移动光标,输入 4,回车,再输入@10<30,回车,完成中心线上部小圆锥轮廓线的绘制,与倒角线相交于图 10-6 中的①点。

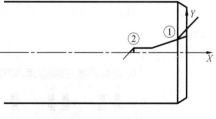

图 10-6 中心孔草绘

拾取①点,输入@10<60,回车,完成中心线上部大圆锥轮廓线的绘制。重复直线命令,拾取图 10-6 中的②点,输入@5<-120,回车,完成钻孔轮廓线的绘制。

用镜像、直线和修剪命令,完成中心孔的绘制。因为中心孔必须经剖视才可见,所以需绘制剖面分界线。将细实线层置为当前层，单击"样条曲线"按钮，通过拾取几个控制点完成样条曲线绘制。再用修剪命令删除多余线段，如图 10-7 所示。

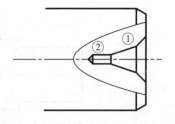

图 10-7　中心孔及剖面分界线绘制

（7）绘制齿轮局部剖视图和旋向线

在粗实线层，用直线命令绘制齿轮的齿根线，齿根线距齿顶线的距离约为 5 mm；在细实线层，用样条曲线命令绘制齿轮局部剖视图的分界线，再用直线命令绘制齿轮旋向线。

（8）键槽剖面图

键槽剖面图是相对分离的一个视图，重新将中心线层置为当前层，使用直线命令完成中心线的绘制。该中心线水平方向应保证与轴线水平对齐。

将粗实线层置为当前层。单击"圆"按钮，拾取中心线交点为圆心，输入直径 60，回车，单击完成圆的绘制。单击"直线"按钮，按下"对象追踪"按钮。系统提示指定第一点时，将光标移向键槽圆弧与直线相交处，再向右移动，直到出现交点时单击鼠标左键，如图 10-8 所示。

将用户坐标系的原点移动到两中心线的交点。单击"直线"按钮，输入 22,7，回车。向下移动光标，输入 14，回车，再向右移动光标直到超出圆轮廓线，单击鼠标左键。

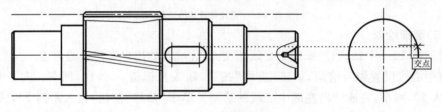

图 10-8　对象追踪

单击"修剪"按钮，拾取刚才绘制的几条线和圆，单击结束拾取。删除多余的线段，完成键槽剖面图的绘制。

（9）绘制剖面线

用图案填充命令（BHATCH）绘制图中各剖面线，如图 10-9 所示。

3. 标注尺寸和几何公差

关于尺寸标注内容见第七单元，在此仅以图中同轴度公差为例，说明几何公差的标注方法。

（1）选择下拉菜单[标注]→[公差]命令后，弹出"形位公差"对话框，如图 10-9(a)所示。

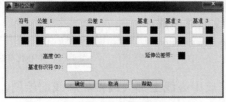

（a）"形位公差"对话框

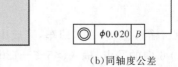

（b）同轴度公差

图 10-9　标注几何公差

（2）单击"符号"按钮，选取"同轴度"符号"◎"。

（3）在"公差1"中单击左边黑方框，显示"φ"符号，在中间白色文本框内输入公差值"0.020"。

（4）在"基准1"左边白色文本框内输入基准代号字母"B"。

（5）单击"确定"按钮，退出"形位公差"对话框。

（6）用旁注线命令（LEADER）绘制指引线，结果如图10-9（b）所示。

其余公差请读者自行标注。

项目二 绘制座体零件图

项目目标

以铣刀头底座零件图的绘制为实例，综合性地复习和巩固所学习的内容。本项目的目标是：掌握绘图的基本步骤和方法，熟练地使用所学习的知识。

知识点

（1）设置绘图界限及绘图单位和精度。

（2）设置绘图所需图层。

（3）合理使用各种绘图、编辑等工具。

【课堂实训】 绘制如图10-10所示平面图形。

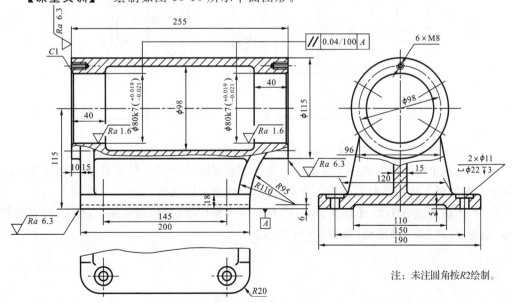

图10-10 铣刀头底座零件图

绘图步骤分解：

1. 新建文件,开始新绘图

(1)新建一个文件,将其存盘并命名为"铣刀头底座"。

(2)利用设计中心调用项目一"轴零件图"中图层、文字样式、尺寸标注样式等设置。

2. 绘制图形

(1)打开"正交"、"对象捕捉"、"极轴追踪"功能,并设置 0 层为当前层,用直线(LINE)、偏移(OFFSET)命令绘制基准线,如图 10-11 所示

(2)绘制主视图及左视图上半部分。用偏移(OFFSET)、修剪(TRIM)命令绘制主视图及左视图上半部分。用圆命令(CIRCLE)绘制 $\phi115$、$\phi98$、$\phi80$ 圆。对称图形可只画一半,另一半用镜像命令(MIRROR)复制,结果如图 10-12 所示。

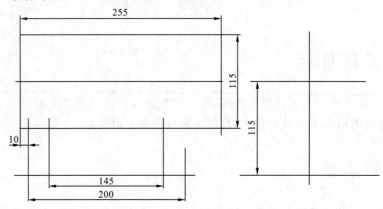

图 10-11　绘制基准线

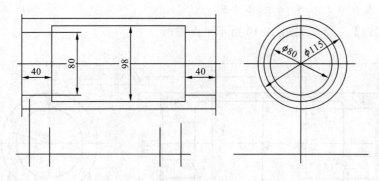

图 10-12　绘制主视图及左视图上半部分

(3)绘制主视图及左视图下半部分。先绘制左视图下半部分左侧图形,用镜像命令复制出右侧图形。然后绘制主视图下半部分图形,注意投影关系,如图 10-13 所示。

(4)作辅助线 AB,以 A 点为圆心,以 $R95$ 为半径作辅助圆,确定圆心 O。以 O 点为圆心,绘制 $R110$、$R95$ 两圆弧,如图 10-14 所示。

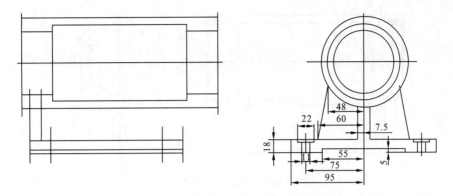

图 10-13　绘制主视图及左视图下半部分

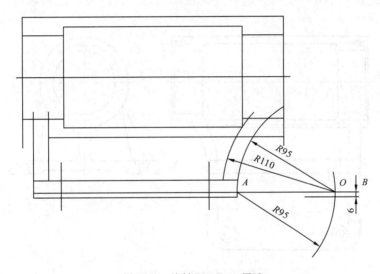

图 10-14　绘制 $R95$、$R110$ 圆弧

（5）绘制 M8 螺纹孔。用环形阵列绘制左视图螺纹孔中心线，如图10-15 所示。

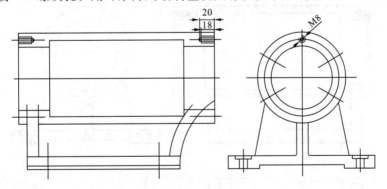

图 10-15　绘制 M8 螺纹孔

（6）绘制倒角、圆角及波浪线

用倒角命令（CHAMFER）绘制主视图两端倒角，用圆角命令（FILLET）绘制各处圆角。用样条曲线命令绘制波浪线。结果如图 10-16 所示。

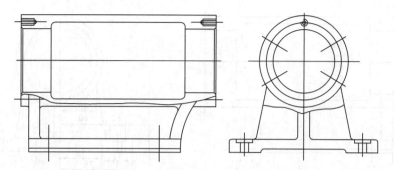

图 10-16 绘制倒角、圆角及波浪线

(7)绘制俯视图并根据制图标准修改图中线型

绘制俯视图并将图中线型分别更改为粗实线、细实线、中心线和虚线。如图 10-17 所示。

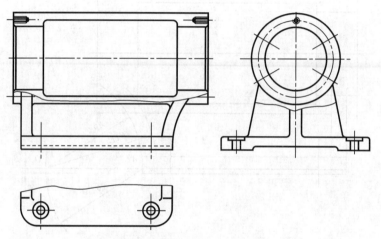

图 10-17 绘制俯视图并修改线型

(8)用命令(BHATCH)绘制剖面线,结果如图 10-18 所示。

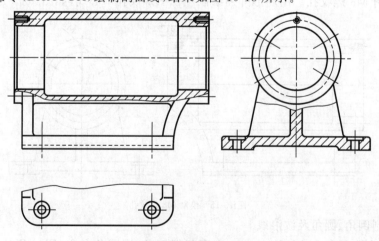

图 10-18 绘制剖面线

3.标注尺寸及几何公差

至此,铣刀头底座零件图绘制完成。

项目三　绘制斜视图

项目目标

本项目的目标是:掌握绘图的基本步骤和方法,熟练地使用所学习的知识。

知识点

(1)设置绘图界限及绘图单位和精度。

(2)设置绘图所需图层。

(3)合理使用各种绘图、编辑等工具。

斜视图在绘制过程中要满足对正的投影关系,而在画三视图时保证投影关系是通过对象捕捉和对象追踪完成的,但默认情况下的追踪方式为水平和垂直方向,这种情况下找斜视图的对正方向就不方便了。此时我们可以通过旋转坐标系,在用户坐标系下完成。

【课堂实训】　绘制如图 10-19 所示的图形。

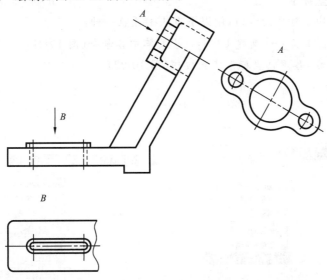

图 10-19　斜视图

图形分析:

该图形的倾斜部分是一个圆孔板,需要用斜视图表达。

绘图步骤分解:

1. 新建图形

创建一张新图,选择默认设置,并建立所需要的图层。

2. 绘制主视图和局部视图

按所给的尺寸绘制主视图和局部视图,如图 10-20 所示。

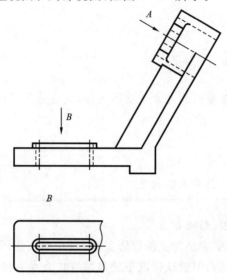

图 10-20　绘制主视图和局部视图

3. 建立用户坐标系

调用建立用户坐标系命令,可用以下方法中任意一种:

● 下拉菜单:[工具]→[新建 UCS]→子菜单中各命令(图 10-21)。

● UCS 工具栏:各用户坐标系建立按钮(图 10-22)。

● 命令:UCS↙。

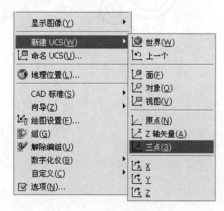

图 10-21　新建 UCS 子菜单

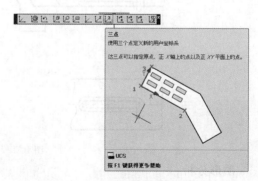

图 10-22　UCS 工具栏

单击 UCS 工具栏中"三点"按钮,AutoCAD 提示:

命令: _ucs

当前 UCS 名称：＊世界＊

指定 UCS 的原点或［面（F）/命名（NA）/对象（OB）/上一个（P）/视图（V）/世界（W）/X/Y/Z/Z 轴（ZA）］＜世界＞：_3

指定新原点＜0,0,0＞：**单击图 10-23 中 *O* 点**

在正 X 轴范围上指定点＜141.5115,131.2483,0.0000＞：**单击图 10-23 中 *C* 点**

在 UCS XY 平面的正 Y 轴范围上指定点＜139.6455,131.7483,0.0000＞：**在过 *O* 点斜向上且垂直 *OC* 方向的任一点单击**

则建立如图 10-23 所示的用户坐标系。此时的栅格为倾斜的。

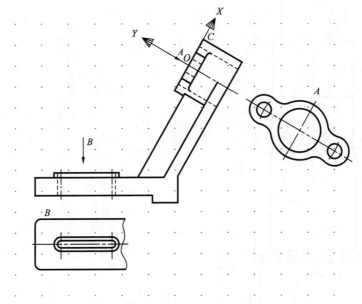

图 10-23 建立的用户坐标系

4. 绘制斜视图

将中心线层设置为当前层，打开"对象捕捉"和"对象追踪"功能，调用直线命令绘制中心线。调用圆命令，捕捉中心线的交点为圆心，绘制圆，如图 10-23 所示。

调用圆命令绘制边界线，并用"相切、相切、半径"的圆命令完成圆弧连接，再调用修剪命令删除多余的图线，最终完成全图的绘制工作。

单元训练

1. 利用本单元所介绍的方法，分别绘制图 10-24 和图 10-25 所示的零件图。

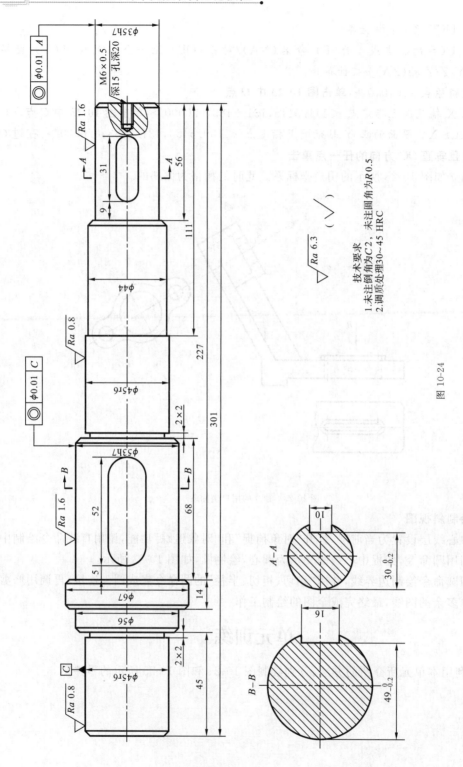

图 10-24

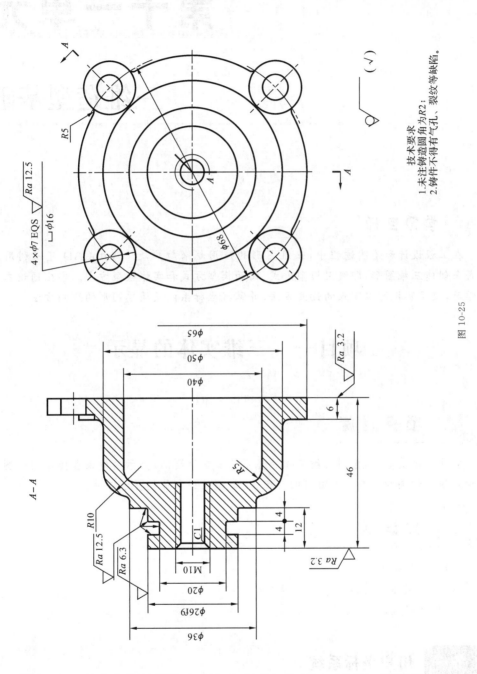

图 10-25

技术要求
1.未注铸造圆角为R2；
2.铸件不得有气孔、裂纹等缺陷。

第十一单元

三维造型基础

 **学习目标**

在工程设计和绘图过程中，三维图形的应用越来越广泛。AutoCAD 可以利用三种方式来创建三维图形，即线架模型方式、曲面模型方式和实体模型方式。学生通过本单元的学习，应了解视图观测点的设立方法，并掌握坐标系以及简单图形的绘制方法。

项目一　三维实体的显示

 项目目标

创建三维实体时，控制三维实体的显示是非常重要的，显示的效果直接影响绘图的效率和对绘图结果的检查。本项目的目标是：掌握三维实体的显示方法。

 知识点

(1)用户坐标系。
(2)三维实体的观察。
(3)视觉样式。

任务一　用户坐标系统

前面单元已经详细介绍了平面坐标系的使用方法，其所有变换和使用方法同样适用于三维坐标系。例如，在三维坐标系下，同样可以使用直角坐标或极坐标方法来定义点。此外，在绘制三维图形时，还可使用柱坐标和球坐标来定义点。

1. 柱坐标

柱坐标使用 XY 平面的距离、角度和沿 Z 轴的距离来表示,如图 11-1 所示,其格式如下:

(1)XY 平面距离<XY 平面角度,Z 坐标(绝对坐标)。

(2)@XY 平面距离<XY 平面角度,Z 坐标(相对坐标)。

2. 球坐标

球坐标系具有三个参数:点到原点的距离、在 XY 平面上的角度和 XY 平面的夹角,如图 11-2 所示,其格式如下:

(1)XYZ 距离<XY 平面角度<和 XY 平面的夹角(绝对坐标)。

(2)@XYZ 距离<XY 平面角度<和 XY 平面的夹角(相对坐标)。

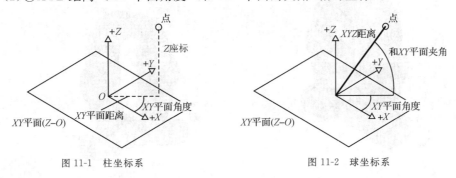

图 11-1 柱坐标系　　　　　　　图 11-2 球坐标系

任务二　三维实体的观察

选择下拉菜单[视图]→[三维视图]命令,系统弹出三维视图子菜单,其中的"俯视""仰视""左视""右视""前视""后视""西南等轴测""东南等轴测""东北等轴测"和"西北等轴测"命令,用于从多个方向来观察图形,如图 11-3 所示。

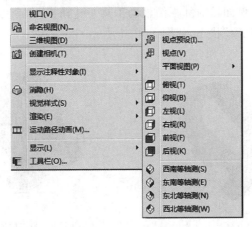

图 11-3 "三维视图"子菜单

在 AutoCAD 2014 中,选择[视图]→[动态观察]命令下的子命令,可以动态观察视图,各子命令的功能如下:

（1）"受约束的动态观察"命令（3DORBIT）：用于在当前视口中通过拖动光标指针来动态观察模型，观察视图时，视图的目标位置保持不动，相机位置（或观察点）围绕该目标移动（尽管在用户看来目标是移动的）。默认情况下，观察点会约束为沿着世界坐标系的XY平面或Z轴移动，如图 11-4 所示。

（2）"自由动态观察"命令（3DFORBIT）：与"受约束的动态观察"命令类似，但是观察点不会约束为沿着XY平面或Z轴移动。当移动光标时，其形状也将随之改变，以指示视图的旋转方向，如图 11-5 所示。

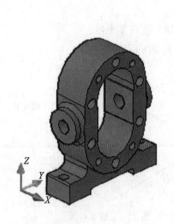

图 11-4　受约束的动态观察

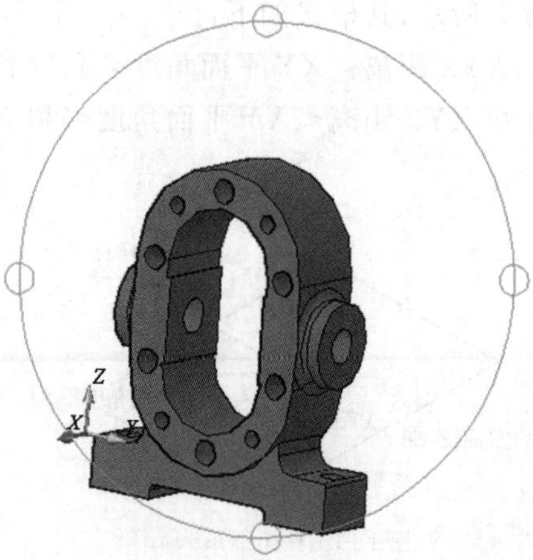

图 11-5　自由动态观察

（3）"连续动态观察"命令（3DCORBIT）：用于连续动态地观察图形。此时光标指针将变为一个由两条线包围的球体，在绘图区域单击并沿任何方向拖动光标指针，可以使对象沿着拖动的方向开始移动，释放鼠标按钮，对象将在指定的方向沿着轨道连续旋转。光标移动的速度决定了对象旋转的速度，如图 11-6 所示。单击或再次拖动鼠标可以改变连续轨迹的方向。也可以在绘图窗口单击鼠标右键，并从弹出的快捷菜单中选择一个命令来修改连续轨迹的显示。例如，选择［视图辅助工具］→［栅格］命令可以向视图中添加栅格，而不用退出"连续动态观察"状态，如图 11-7 所示。

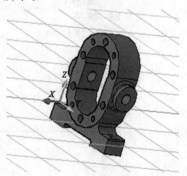

图 11-6　连续动态观察

图 11-7　显示栅格

在 AutoCAD 2014 中,可以选择[视图]→[运动路径动画]命令,创建相机沿路径运动观察图形的动画,此时将打开"运动路径动画"对话框,如图 11-8 所示。

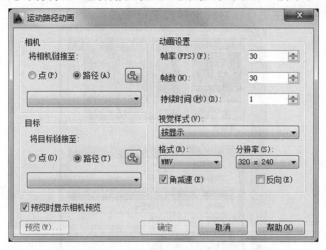

图 11-8 "运动路径动画"对话框

任务三 视觉样式

在 AutoCAD 2014 中,可以使用[视图]→[视觉样式]命令下的子命令或视觉样式工具栏上的命令按钮来观察对象,如图 11-9 所示。

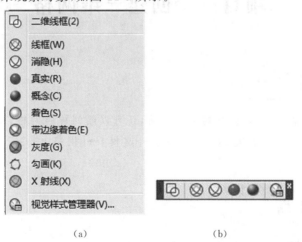

(a)   (b)

图 11-9 视觉样式子菜单和视觉样式工具栏

1. 应用视觉样式

对对象应用视觉样式一般使用来自观察者左后方上面的固定环境光。而使用[视图]→[重生成]命令重新生成图像时,也不会影响对象的视觉样式效果,并且用户还可以在此模式下运行使用通常视图中进行的一切操作,如窗口的平移、缩放、绘图和编辑等。

2. 管理视觉样式

在 AutoCAD 2014 中,选择[视图]→[视觉样式]→[视觉样式管理器]命令,打开"视觉样式管理器"选项板,在此可以对视觉样式进行管理,如图 11-10 所示。

图 11-10 "视觉样式管理器"选项板

项目二 创建三维网格

项目目标

在 AutoCAD 中,不仅可以绘制三维曲面,还可以绘制旋转网格、平移网格、直纹网格和边界网格。本项目的目标是:使用[绘图]→[建模]→[网格]命令下的子命令来绘制这些曲面。

知识点

(1)绘制平面曲面。
(2)绘制三维网格。
(3)绘制旋转网格。
(4)绘制平移网格。
(5)绘制直纹网格。

任务一　绘制平面曲面

在 AutoCAD 2014 中,选择[绘图]→[建模]→[平面曲面]命令(PLANESURF),可以创建平面曲面或将对象转换为平面对象。如图 11-11 所示为绘制的平面曲面。

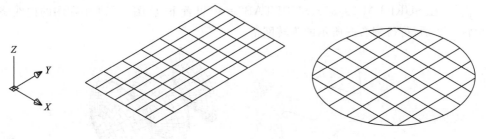

图 11-11　平面曲面

任务二　绘制三维网格

选择[绘图]→[建模]→[网格]→[三维网格]命令,或在命令行输入 3DMESH 命令,AutoCAD 可根据用户指定的 M 行 N 列个顶点和每一顶点的位置生成三维空间的多边形网格 。执行 3DMESH 命令后,系统提示:

输入 M 方向上的网格数量:**4**↙
输入 N 方向上的网格数量:**4**↙
为顶点(0,0)指定位置:**4,6**↙
为顶点(0,1)指定位置:

...

为顶点(M-1,N-1)指定位置:　　　　　　　　//确定第 M 行、第 N 列的顶点

例如,要绘制如图 11-12 所示的 4×4 网格,可在命令行输入 3DMESH 命令,并设置 M 方向上的网格数量为 4,N 方向上的网格数量为 4,然后依次指定 16 个顶点的位置。选择[修改]→[对象]→[多段线]命令,则可以编辑绘制的网格。例如,使用该命令的"平滑曲面"选项可以平滑曲面,效果如图 11-13 所示。

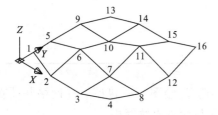

图 11-12　绘制网格

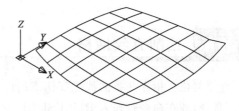

图 11-13　对三维网格进行平滑处理后的效果

任务三   绘制旋转网格

旋转网格是指将曲线绕旋转轴旋转一定角度而形成的曲面。选择[绘图]→[建模]→[网格]→[旋转网格]命令,或在命令行输入 REVSURF 命令,均可以绘制旋转网格。

例如,在 SURFTAB1=306、SURFTAB2=30 设置下,将图 11-14 中左图的曲线绕直线旋转 360°后,可得到右图所示的旋转网格。

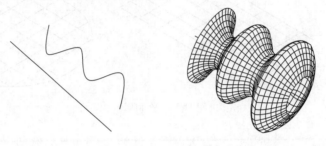

图 11-14   绘制旋转网格

任务四   绘制平移网格

平移网格是指将轮廓曲线沿方向矢量平移后构成的曲面。选择[绘图]→[建模]→[网格]→[平移网格]命令,或在命令行输入 TABSURF 命令,可以绘制平移网格。如图 11-15 所示,将左图中的样条曲线沿着直线方式平移,可得到右图所示的平移网格。

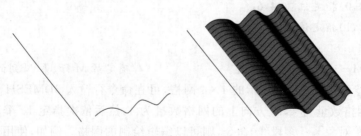

图 11-15   绘制平移网格

任务五   绘制直纹网格

直纹网格是指在两条曲线之间构成的曲面。选择[绘图]→[建模]→[网格]→[直纹网格]命令,或在命令行输入 RULESURF 命令,可以绘制直纹网格。

执行 RULESURF 命令后,AutoCAD 提示:

选择第一条定义曲线:

选择第二条定义曲线：

按提示执行操作后,AutoCAD 绘制出直纹网格。如图 11-16 所示为在左图所示的两个圆之间构成的直纹网格。

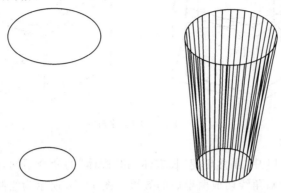

图 11-16 绘制直纹网格

项目三 创建三维实体

项目目标

所谓三维实体,就是三维实心对象,即实心体模型。三维实体能够准确地表达模型的几何特征,因而成为三维造型领域最为先进的造型方法。

知识点

(1)绘制三维基本实体。
(2)将二维图形旋转成实体。
(3)将二维图形放样成实体。

任务一 绘制三维基本实体

1.多段体

在 AutoCAD 2014 中,选择[绘图]→[建模]→[多段体]命令(POLYSOLID),可以创建多段体或将对象转换为多段体,如图 11-17 所示。

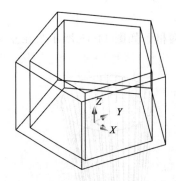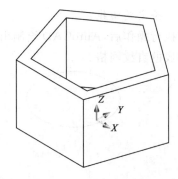

图 11-17　多边形多段体

2. 长方体与楔体

在 AutoCAD 2014 中,虽然创建"长方体"和"楔体"的命令不同,但创建方法却相同,因为楔体是长方体沿对角线切成两半后的效果。图 11-18 所示为绘制的长方体,图 11-19 所示为绘制的楔体。

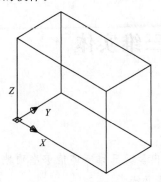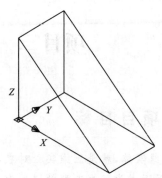

图 11-18　绘制的长方体　　　　　　图 11-19　绘制的楔体

3. 圆柱体和圆锥体

在 AutoCAD 2014 中,虽然创建"圆柱体"和"圆锥体"的命令不同,但其创建方法却类似。图 11-20 所示为绘制的圆柱体和椭圆柱体,图 11-21 所示为绘制的圆锥体和椭圆锥体。

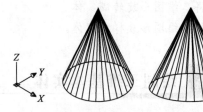

图 11-20　绘制的圆柱体和椭圆柱体　　　　　图 11-21　绘制的圆锥体和椭圆锥体

4. 球体与圆环体

在 AutoCAD 2014 中,虽然创建"球体"和"圆环体"的命令不同,但其创建方法却类似。图 11-22 所示为绘制的球体,图 11-23 所示为绘制的圆环体。

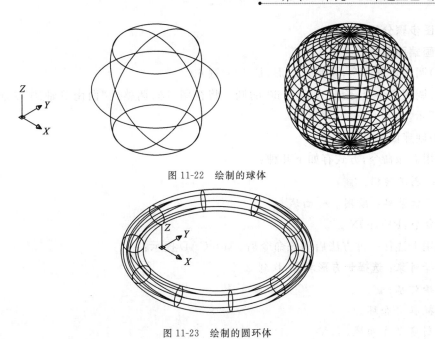

图 11-22 绘制的球体

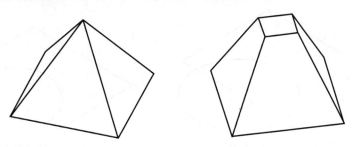

图 11-23 绘制的圆环体

5. 棱锥体

选择[绘图]→[建模]→[棱锥体]命令(PYRAMID),或在建模工具栏中单击"棱锥体"按钮,即可绘制棱锥体。如图 11-24 为绘制的棱锥体。

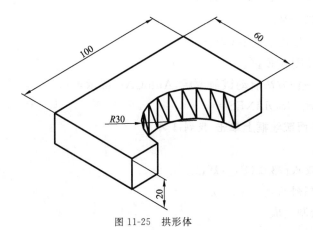

图 11-24 绘制的棱锥体

【课堂实训】 绘制如图 11-25 所示的实体。

图 11-25 拱形体

绘图步骤分解:

1.画端面图形

(1)调用矩形命令,绘制长方形,长 100,宽 60。

(2)调用圆命令,绘制直径为 60 的圆。将视图方向调整到"西南等轴测"方向,如图 11-26 所示。

(3)创建面域

调用面域命令,方式有如下几种:

● 绘图工具栏: ⬛。

● 下拉菜单:[绘图]→[面域]。

● 命令:REGION ↙。

采用上述任一种方法启动该命令后,AutoCAD 提示:

选择对象:**选择长方形和圆** 找到 2 个

选择对象:↙ 　　　　　　//结束选择

已提取 2 个环。

已创建 2 个面域。

(4)布尔运算

单击实体编辑工具栏上的"差集运算"按钮,用长方形面域减去圆形面域,结果如图 11-27 所示。

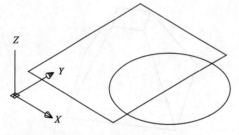

图 11-26　绘制长方形和圆

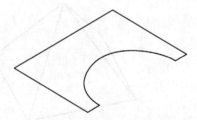

图 11-27　面域布尔运算

2.拉伸面域

调用拉伸命令,方式有如下几种:

● 实体工具栏: ⬛。

● 下拉菜单:[绘图]→[实体]→[拉伸]。

● 命令:EXTRUDE ↙。

采用上述任一种方法启动该命令后,AutoCAD 提示:

当前线框密度:ISOLINES=4

选择对象:**在面域线框上单击** 找到 1 个

选择对象:↙

指定拉伸高度或[路径(P)]:**20**↙

指定拉伸的倾斜角度 <0>:↙

至此,实体绘制完成。

🐾**注意**

1.拉伸命令选项含义：

路径(P)：对拉伸对象沿路径拉伸。可以作为路径的对象有：直线、圆、椭圆、圆弧、椭圆弧、多段线、样条曲线等。

2.可以拉伸的对象有：圆、椭圆、正多边形、用矩形命令绘制的矩形、封闭的样条曲线、封闭的多段线、面域等。

3.路径与截面不能在同一平面内,二者一般分别在两个相互垂直的平面内,如图11-28所示。圆为拉伸对象,样条曲线和矩形为路径。

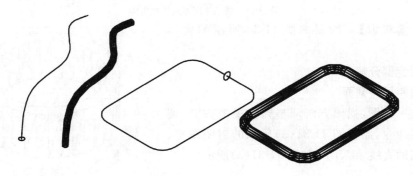

图11-28 路径拉伸

4.当指定拉伸高度为正时,沿 Z 轴正方向拉伸；当指定拉伸高度为负时,沿 Z 轴反方向拉伸。

5.拉伸的倾斜角度在 $-90°$ 和 $+90°$ 之间。

6.含有宽度的多段线在拉伸时宽度被忽略,沿线宽中心拉伸。含有厚度的对象,拉伸时厚度被忽略。

任务二 将二维图形旋转成实体

在 AutoCAD 中,可以使用[绘图]→[建模]→[旋转]命令(REVOLVE),将二维对象绕某一轴旋转生成实体。用于旋转的二维对象可以是封闭多段线、多边形、圆、椭圆、封闭样条曲线、圆环及封闭区域。三维对象、包含在块中的对象、有交叉或自干涉的多段线不能被旋转,而且每次只能旋转一个对象。

选择[绘图]→[建模]→[旋转]命令,并选择需要旋转的二维对象后,通过指定两个端点来确定旋转轴。例如,图11-29所示图形为封闭多段线绕直线旋转一周后得到的实体。

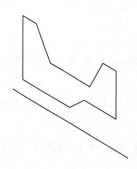
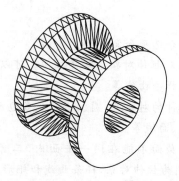

图 11-29　将二维图形旋转成实体

【课堂实训】　绘制如图 11-30 所示的实体模型。

绘图步骤分解：

1. 绘制回转截面

新建一张图，视图方向调整到主视图方向，调用多段线命令，绘制图 11-31(a)所示的封闭图形，再绘制辅助直线 AC、BD，如图 11-31(b)所示。

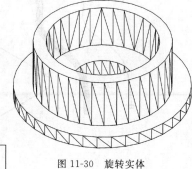

图 11-30　旋转实体

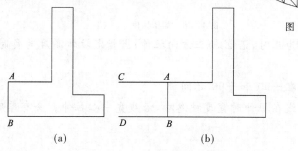

(a)　　　　　　　　　(b)

图 11-31　绘制回转截面

2. 旋转生成实体

调用旋转命令，有如下几种方式：

● 实体工具栏：　。

● 下拉菜单：[绘图]→[实体]→[旋转]。

● 命令：REVOLVE ↙。

采用上述任一种方法启动该命令后，AutoCAD 提示：

当前线框密度：ISOLINES=4

选择对象：**选择封闭线框** 找到 1 个

选择对象：↙　　　　　　　　　　　　　　　　　//结束选择

指定旋转轴的起点或

定义轴依照 [对象(O)/X 轴(X)/Y 轴(Y)]：**选择端点 C**　//按定义轴旋转

指定轴端点：**选择端点 D**

指定旋转角度 <360>：↙　　　　　　　　　　　//接受默认，按 360°旋转

3.将辅助线 *AC*、*BD* 删除

至此,完成图 11-30 所示旋转实体的绘制。

⚠ **注意**

1.旋转命令选项含义:

● 定义轴依照:捕捉两个端点指定旋转轴,旋转轴方向从先捕捉点指向后捕捉点。

● 对象(O):选择一条已有的直线作为旋转轴。

● X 轴(X)或 Y 轴(Y):选择绕 X 轴或 Y 轴旋转。

2.旋转轴方向:

● 捕捉两个端点指定旋转轴时,旋转轴方向从先捕捉点指向后捕捉点。

● 选择已知直线为旋转轴时,旋转轴的方向从直线距离坐标原点较近的一端指向较远的一端。

3.旋转方向:旋转角度正向符合右手螺旋法则,即用右手握住旋转轴线,大拇指指向旋转轴正向,四指指向为旋转角度方向。

4.旋转角度为 0°～ 360°之间,图 11-32 所示为旋转角度为 180°和 270°时的情况。

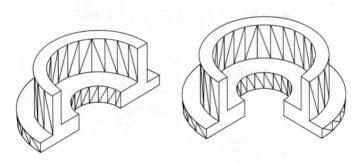

图 11-32　180°和 270°旋转

任务三　将二维图形放样成实体

在 AutoCAD 2014 中,选择[绘图]→[建模]→[放样]命令,可以将二维图形放样成实体。或在三维基础(建模)环境下,在建模工具栏上单击"放样"按钮,放样示例如图 11-33 所示。

放样时,当依次指定了放样截面(至少两个)后,命令行显示如下提示信息:

输入选项[导向(G)/路径(P)/仅横截面(C)/设置(S)]<仅横截面>:

在该命令提示下,需要选择放样方式。其中,"导向(G)"选项用于使用导向曲线控制放样,每条导向曲线必须要与每一个截面相交,并且起始于第一个截面,结束于最后一个截面;"路径(P)"选项用于使用一条简单的路径控制放样,该路径必须与全部或部分截面相交;"仅横截面(C)"选项用于只使用截面进行放样;选择"设置(S)"选项将打开"放样设置"对话框,在此可以设置放样横截面上的曲面控制选项,如图 11-34 所示。

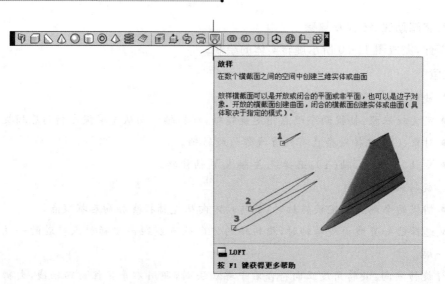

图 11-33 建模工具栏及放样示例

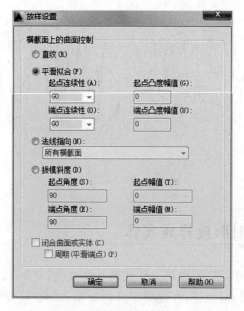

图 11-34 "放样设置"对话框

【课堂实训】 在(0,0,0)、(50,50,100)、(200,200,200)3 点处绘制边数为 5,内切圆半径分别为 50、100 和 50 的正五边形,然后以过点(0,0,0)和(200,200,200)的直线为放样路径,创建放样实体。

绘图步骤分解:

(1)在绘图工具栏中单击"正多边形"按钮,分别在(0,0,0)、(50,50,100)、(200,200,200)3点处绘制边数为5,内切圆半径分别为50、100和50的正五边形作为放样截面,如图11-35所示。

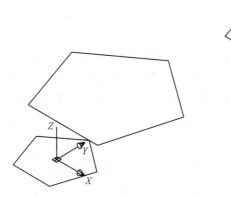

图11-35 绘制放样截面

(2)在绘图工具栏中单击"直线"按钮,绘制过点(0,0,0)和(200,200,200)的直线为放样路径,如图11-36所示。

(3)选择[绘图]→[建模]→[放样]命令,并在命令行的"按放样次序选择横截面"提示信息下从下向上依次单击绘制的3个正五边形。

(4)在命令行的"输入选项[导向(G)/路径(P)/仅横截面(C)/设置(S)]<仅横截面>:"提示信息下输入P并回车,选择通过路径进行放样。

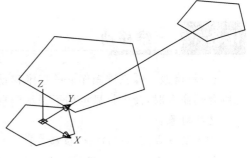

图11-36 绘制放样路径

(5)在命令行的"选择路径曲线":提示信息下单击图11-36中绘制的直线,此时放样效果如图11-37所示。

(6)选择[视图]→[消隐]命令,消隐图形,效果如图11-38所示。

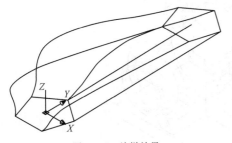

图11-37 放样效果

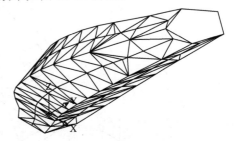

图11-38 消隐后的效果

项目四　三维操作

项目目标

在 AutoCAD 2014 中,二维图形编辑中的许多命令(如移动、复制、删除等)同样适用于三维图形。另外,用户可以使用下拉菜单[修改]→[三维操作]命令下的子命令,对三维空间中的对象进行三维阵列、三维镜像、三维旋转以及对齐位置等操作。

知 识 点

(1)三维移动。

(2)三维阵列。

(3)三维镜像。

(4)三维旋转。

任务一　三维移动

选择[修改]→[三维操作]→[三维移动]命令(3DMOVE),可以移动三维对象。执行三维移动命令时,命令行显示如下提示信息:

选择对象:

指定基点或[位移(D)]<位移>:

指定第二个点或<使用第一个点作为位移>:

选定要移动的三维对象后,首先需要指定一个基点,然后指定第二点即可移动该对象,如图 11-39 所示。

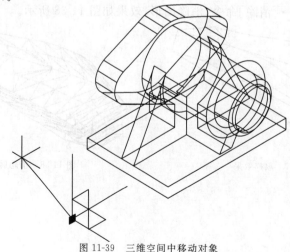

图 11-39　三维空间中移动对象

任务二 三维阵列

选择[修改]→[三维操作]→[三维阵列]命令(3DARRAY),可以在三维空间中使用环形阵列或矩形阵列方式复制对象。执行该命令时,首先选择需要进行复制的对象,这时命令行显示如下提示信息:

输入阵列类型[矩形(R)/环形(P)]<矩形>:

根据上面提示,可知三维空间中有两种阵列类型,分别介绍如下。

1. 矩形阵列

在命令行的"输入阵列类型[矩形(R)/环形(P)]<矩形>:"提示下,选择"矩形(R)"选项,可以以矩形阵列方式复制对象,此时需要依次指定阵列的行数、列数、层数、行间距、列间距及层间距。其中,矩形阵列的行、列、层分别沿着当前 UCS 的 X 轴、Y 轴和 Z 轴的方向;输入某方向的间距值为正值时,表示将沿相应坐标轴的正方向阵列,否则沿反方向陈列。

【课堂实训一】 创建图 11-40 所示实体。

绘图步骤分解:

(1)创建 U 形板

①将视图调整到主视图方向,绘制如图 11-41 所示的断面形状。

②按长度 200 拉伸成实体。

(2)3D 阵列对象

①绘制表面圆

调整 UCS 至上表面,方向如图 11-42 所示。调用圆命令,以(50,50)为圆心,20 为半径绘制圆。

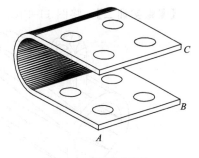

图 11-40 矩形阵列实体

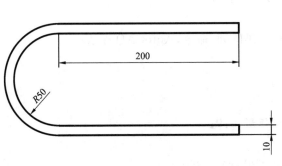

图 11-41 断面形状

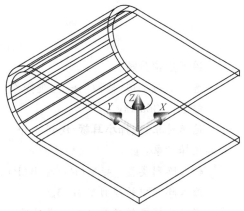

图 11-42 绘制表面圆

②阵列对象

选择下拉菜单[修改]→[三维操作]→[三维阵列]命令,AutoCAD 提示:

命令:_3darray

选择对象:**选择圆** 找到 1 个

选择对象:↙

输入阵列类型 [矩形(R)/环形(P)]＜矩形＞:**R**↙

输入行数 (－－－) ＜1＞:**2**↙

输入列数 (││││) ＜1＞:**2**↙

输入层数 (...) ＜1＞:**2**↙

指定行间距 (－－－):**100**↙

指定列间距 (││││):**100**↙

指定层间距 (...):**－110**↙

结果如图 11-40 所示。

2.环形阵列

在命令行的"输入阵列类型 [矩形(R)/环形(P)]＜矩形＞:"提示下,选择"环形(P)"选项,可以以环形阵列方式复制对象,此时需要输入阵列的项目个数,并指定环形阵列的填充角度,确认是否要进行自身旋转,然后指定阵列的中心点及旋转轴上的另一点,确定旋转轴。

【课堂实训二】 将图 11-43(a)所示实体创建成图 11-43(b)所示的实体。

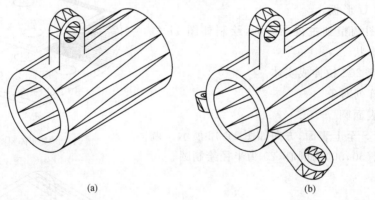

(a)　　　　　　　　　　　　　　(b)

图 11-43　环形阵列实体

绘图步骤分解:

选择下拉菜单[修改]→[三维操作]→[三维阵列]命令,AutoCAD 提示:

命令:_3darray

选择对象:**选择小耳板** 找到 1 个

选择对象:↙

输入阵列类型 [矩形(R)/环形(P)]＜矩形＞:**P**↙

输入阵列中的项目数目:**3**↙

指定要填充的角度 (＋＝逆时针,－＝顺时针) ＜360＞:↙

旋转阵列对象?[是(Y)/否(N)]＜是＞:↙

指定阵列的中心点:**选择圆筒端面中心**

指定旋转轴上的第二点:**选择圆筒另一端面中心**

结果如图 11-43(b)所示。

任务三　三维镜像

选择[修改]→[三维操作]→[三维镜像]命令(MIRROR3D),可以在三维空间中将指定对象相对于某一平面镜像。执行该命令并选择需要进行镜像的对象,命令行将显示如下提示信息,要求指定镜像面。

指定镜像平面(三点)的第一个点或[对象(O)/最近的(L)/Z 轴(Z)/视图(V)/XY 平面(XY)/YZ 平面(YZ)/ZX 平面(ZX)/三点(3)]<三点>:

默认情况下,可以通过指定 3 点确定镜像面。命令选项含义如下:

(1)对象(O):用指定对象所在的平面作为镜像面,可以是圆、圆弧或二维多段线。

(2)最近的(L):用上次定义的镜像面作为当前镜像面。

(3)Z 轴(Z):通过确定平面上一点和该平面法线上的一点来定义镜像面。

(4)视图(V):用与当前视图平面平行的面作为镜像面。

(5)XY 平面(XY)/YZ 平面(YZ)/ZX 平面(ZX):分别表示用与当前 UCS 的 *XY*、*YZ*、*ZX* 面平行的平面作为镜像面。

【课堂实训】　对如图 11-44(a)所示的图形进行镜像操作,得到图 11-44(b)所示图形。

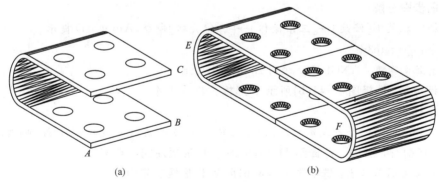

(a)　　　　　　　　　　　　　　　(b)

图 11-44　镜像实体对象

绘图步骤分解:

选择下拉菜单[修改]→[三维操作]→[三维镜像]命令,AutoCAD 提示:

命令：_mirror3d

选择对象:**选择实体 找到 1 个**

选择对象:↙

指定镜像平面（三点）的第一个点或［对象(O)/最近的(L)/Z 轴(Z)/视图(V)/XY 平面(XY)/YZ 平面(YZ)/ZX 平面(ZX)/三点(3)]<三点>:**选择端面点 *A***

在镜像平面上指定第二点:**选择端面点 *B***

在镜像平面上指定第三点:**选择端面点 C**

是否删除源对象？[是(Y)/否(N)]<否>: ✓　　　//选择默认值

结果如图 11-44(b)所示。

任务四　三维旋转

选择[修改]→[三维操作]→[三维旋转]命令(ROTATE3D)，可以使对象绕三维空间中的任意轴(X 轴、Y 轴或 Z 轴)、视图、对象或两点旋转，其方法与三维镜像图形的方法相似。

【课堂实训】　将图 11-44(b)所示实体旋转 90°得到图 11-45 所示效果。

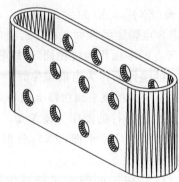

图 11-45　三维旋转

绘图步骤分解:

选择下拉菜单[修改]→[三维操作]→[三维旋转]命令，AutoCAD 提示:

命令: _rotate3d

当前正向角度: ANGDIR＝逆时针　ANGBASE＝0

选择对象:**选择图 11-44(b)所示 U 形板　找到 1 个**

选择对象: ✓

指定轴上的第一个点或定义轴依据[对象(O)/最近的(L)/视图(V)/X 轴(X)/Y 轴(Y)/Z 轴(Z)/两点(2)]:**选择图 11-44(b)所示 U 形板左侧中点 E**

指定轴上的第二点:**选择图 11-44(b)所示 U 形板右侧中点 F**

指定旋转角度或[参照(R)]:**90** ✓

项目五　编辑三维实体对象

 项目目标

在 AutoCAD 2014 中，可以对三维基本实体进行布尔运算来创建复杂实体，也可以对实体进行"分解""圆角""倒角""剖切"及"切割"等编辑操作。

知 识 点

(1)分解实体和实体倒角。
(2)剖切实体和截面对象。
(3)加厚和拉伸面。
(4)编辑实体的面的综合实例。

任务一　分解实体和实体倒角

选择[修改]→[分解]命令(EXPLODE),可以将实体分解为一系列面域和主体。其中,实体中的平面被转换为面域,曲面被转换为主体。用户还可以继续使用该命令,将面域和主体分解为组成它们的基本元素,如直线、圆及圆弧等。

例如,要分解如图 11-46(a)所示的图形,可选择[修改]→[分解]命令,然后选择该图形,并按回车键结束命令。此时,可以使用[修改]→[移动]命令移动生成的面域或主体,如图 11-46(b)所示。

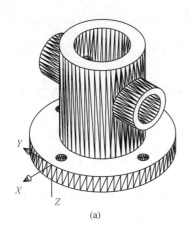
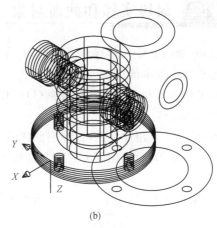

(a)　　　　　　　　　　　　　　(b)

图 11-46　分解实体

选择[修改]→[倒角]命令(CHAMFER),可以对实体的棱边修倒角,从而在两相邻曲面间生成一个平坦的过渡面。

选择[修改]→[圆角]命令(FILLET),可以对实体的棱边修圆角,从而在两相邻面间生成一个圆滑过渡的曲面。在为几条相交于同一个点的棱边修圆角时,如果圆角半径相同,则会在该公共点上生成球面的一部分。

如图 11-47 所示为对实体修倒角和圆角。

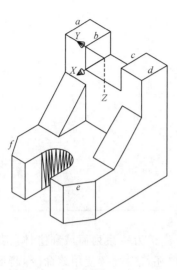

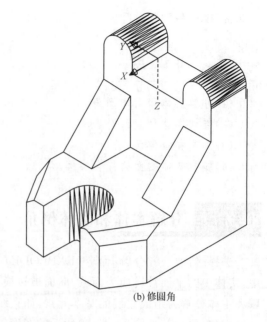

(a) 修倒角

(b) 修圆角

图 11-47   对实体修倒角和圆角

任务二   剖切实体和截面对象

选择[修改]→[实体操作]→[剖切]命令,或在命令行输入 SLICE 并回车,这时命令行将显示如下提示信息:

指定切面的起点或[平面对象(O)/曲面(S)/Z 轴(Z)/视图(V)/XY/YZ/ZX/三点(3)]<三点>:

操作说明:调用命令后,选择要剖切的对象,按空格键结束选择对象。然后在提示下分别指定切面的起点、切面上的第二点和切面上的第三个点,在要保留的一侧指定点或保留两侧。

【课堂实训】   将图 11-48(a)所示的实体进行剖切,得到图 11-48(b)所示的实体。

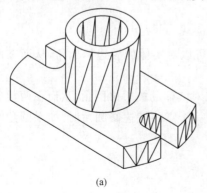

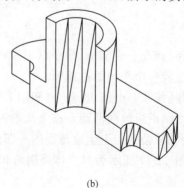

(a)

(b)

图 11-48   剖切实体

绘图步骤分解：

任选以下一种方法调用剖切命令：

● 下拉菜单：[修改]→[实体操作]→[剖切]。

● 命令：SLICE ↙。

调用该命令后，AutoCAD 提示：

命令：_slice

选择对象：**选择实体模型** 找到 1 个

选择对象：↙

指定切面的起点或[平面对象(O)/曲面(S)/Z 轴(Z)/视图(V)/XY/YZ/ZX/三点(3)]＜三点＞：**选择左侧 U 形槽上圆心**

指定平面上的第二个点：**选择圆筒上表面圆心**

指定平面上的第三个点：**选择右侧 U 形槽上圆心**

在要保留的一侧指定点或[保留两侧(B)]：**在图形的右上方单击**　　//后侧保留

结果如图 11-48(b)所示。

在 AutoCAD 2014 中，选择[绘图]→[建模]→[截面平面]命令(SECTIONPLANE)，可以通过定位截面线来创建截面对象。当对象被截面截取后，只显示截面线方向箭头所指部分，如图 11-49 所示。

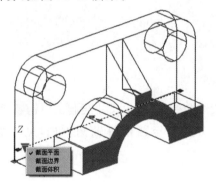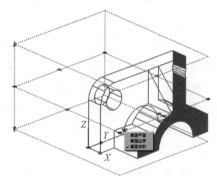

图 11-49　创建截面对象

单击截面线上的向下箭头，弹出一个下拉菜单，用于选择截面对象的类型，包括截面平面、截面边界和截面体积三种。拖动截面线中点夹点，可以控制截面的位置，单击方向箭头，可以控制对象截取后的显示部分。

任务三　加厚和拉伸面

选择[修改]→[三维操作]→[加厚]命令(THICKEN)，可以为曲面添加厚度，使其成为一个实体。

例如选择[修改]→[三维操作]→[加厚]命令，选择图 11-50(a)所示的长方形曲面，在命令行"指定厚度＜0.0000＞："提示下输入厚度 50 并回车，结果如图 11-50(b)所示。

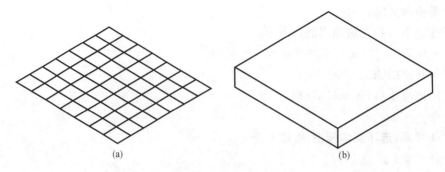

(a)   (b)

图 11-50　加厚操作

选择[修改]→[实体编辑]→[拉伸面]命令,可使面成为一个实体。

【课堂实训】　将图 11-51(a)所示的实体模型修改成图 11-51(b)所示的图形。

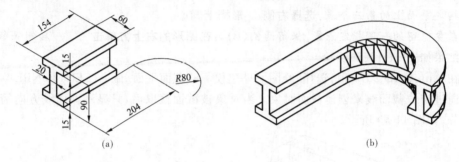

(a)   (b)

图 11-51　工字钢

绘图步骤分解:

1. 创建图 11-51(a)所示实体

新建一张图纸,调整到主视图方向,调用多段线命令,按图示尺寸绘制工字钢断面,再单击实体编辑工具栏上的"拉伸面"按钮,视图方向调至西南等轴测方向,创建如图 11-51(a)所示实体。

2. 拉伸面

(1)绘制拉伸路径

将坐标系的 XY 平面调整到底面上,坐标轴方向与工字钢棱线平行,调用多段线命令,绘制拉伸路径。

(2)拉伸面

调用拉伸面命令,可选取下面两种方法中的任一种:

● 实体编辑工具栏:⊡。

● 下拉菜单:[修改]→[实体编辑]→[拉伸面]。

调用该命令后,系统提示:

命令: _solidedit

实体编辑自动检查:SOLIDCHECK＝1

输入实体编辑选项 [面(F)/边(E)/体(B)/放弃(U)/退出(X)] ＜退出＞:_face

输入面编辑选项

［拉伸（E）/移动（M）/旋转（R）/偏移（O）/倾斜（T）/删除（D）/复制（C）/着色（L）/放弃（U）/退出（X）］＜退出＞：_extrude

选择面或［放弃（U）/删除（R）］：**选择工字形实体右端面 找到 1 个面**

选择面或［放弃（U）/删除（R）/全部（ALL）］：↙

指定拉伸高度或［路径（P）］：**P**↙

选择拉伸路径：**在路径线上单击**

已开始实体校验。

已完成实体校验。

结果如图 11-51(b)所示。

注意

1.命令选项中"指定拉伸高度"的使用方法与拉伸命令中的"指定拉伸高度"选项是相同的,这里不再赘述。

2.选择面时常常会把一些不需要的面选择上,此时应选择"删除（R）"选项删除多选择的面。

任务四 编辑实体的面的综合实例

◉ 综合实例 1——移动面、旋转面、倾斜面

将图 11-52(a)所示的实体模型修改成图 11-52(b)所示的图形。

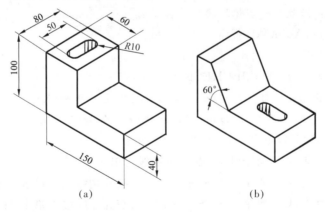

(a)   (b)

图 11-52　垫块实体

绘图步骤分解：

1.绘制原图形

(1)创建 L 形实体块

建立一张新图,调整到主视图方向,用多段线命令按尺寸绘制 L 形实体的端面,然后调用拉伸面命令创建实体。并在其上表面捕捉棱边中点绘制辅助线 *AB*,如图 11-53(a)所示。

（2）创建腰圆形实体

在俯视图方向按尺寸绘制腰圆形端面,生成面域后,拉伸成实体,并在其上表面绘制辅助线 CD,如图 11-53(b)所示。

（3）布尔运算

选择腰圆形实体,以 CD 的中点为基点移动到 AB 的中点处。然后用 L 形实体减去腰圆形实体。至此原图形绘制完成,结果如图 11-52(a)所示。

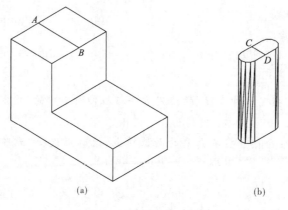

(a)   (b)

图 11-53　创建原图形

2. 移动面

在图 11-54(a)中绘制 EF 辅助线。

调用移动面命令,可使用下面任一种方法:

- 实体编辑工具栏:🔲。
- 下拉菜单:[修改]→[实体编辑]→[移动面]。

调用该命令后,AutoCAD 提示:

命令:_solidedit

实体编辑自动检查:SOLIDCHECK=1

输入实体编辑选项［面(F)/边(E)/体(B)/放弃(U)/退出(X)］＜退出＞:_face

输入面编辑选项［拉伸(E)/移动(M)/旋转(R)/偏移(O)/倾斜(T)/删除(D)/复制(C)/着色(L)/放弃(U)/退出(X)］＜退出＞:_move

选择面或［放弃(U)/删除(R)］:**在孔边缘线上单击** 找到 1 个面。

选择面或［放弃(U)/删除(R)/全部(ALL)］:**在孔边缘线上单击** 找到 1 个面。

选择面或［放弃(U)/删除(R)/全部(ALL)］:**在孔边缘线上单击** 找到 1 个面。

选择面或［放弃(U)/删除(R)/全部(ALL)］:**在孔边缘线上单击** 找到 1 个面。

选择面或［放弃(U)/删除(R)/全部(ALL)］:**R↙**

删除面或［放弃(U)/添加(A)/全部(ALL)］:**选择多选择的表面** 找到 1 个面,已删除 1 个。

删除面或［放弃(U)/添加(A)/全部(ALL)］:↙ //当只剩下要移动的内孔面时,

结束选择,如图 11-54(a)所示

指定基点或位移:**选择 CD 的中点**

指定位移的第二点：**选择 EF 的中点**

已开始实体校验。

已完成实体校验。

结果如图 11-54(b)所示。

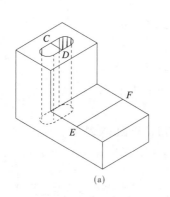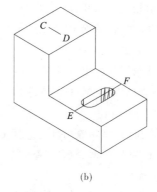

(a)　　　　　　　　(b)

图 11-54　移动面

3. 旋转面

调用旋转面命令，可使用下面任一种方法：

- 实体编辑工具栏：🔧。
- 下拉菜单：[修改]→[实体编辑]→[旋转面]。

调用该命令后，AutoCAD 提示：

命令：_solidedit

实体编辑自动检查：SOLIDCHECK＝1

输入实体编辑选项 [面(F)/边(E)/体(B)/放弃(U)/退出(X)] <退出>：_face

输入面编辑选项 [拉伸(E)/移动(M)/旋转(R)/偏移(O)/倾斜(T)/删除(D)/复制(C)/着色(L)/放弃(U)/退出(X)] <退出>：_rotate

选择面或 [放弃(U)/删除(R)]：**选择内孔表面** 找到 2 个面。

······

删除面或 [放弃(U)/添加(A)/全部(ALL)]：↙　　//同上步一样选择全部内孔表面，当只剩下要移动的内孔面时，结束选择

指定轴点或 [经过对象的轴(A)/视图(V)/X 轴(X)/Y 轴(Y)/Z 轴(Z)] <两点>：**Z**↙

指定旋转原点 <0,0,0>：**选择 EF 的中点**

指定旋转角度或 [参照(R)]：**90**↙

已开始实体校验。

已完成实体校验。

结果如图 11-55 所示。

4. 倾斜面

调用倾斜面命令，可使用下面任一种方法：

- 实体编辑工具栏：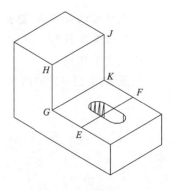
- 下拉菜单：[修改]→[实体编辑]→[倾斜面]。

调用该命令后，AutoCAD 提示：

命令：_solidedit

实体编辑自动检查：SOLIDCHECK＝1

输入实体编辑选项 [面（F）/边（E）/体（B）/放弃 (U)/退出（X）]＜退出＞：_face

输入面编辑选项[拉伸（E）/移动（M）/旋转（R）/偏移 (O)/倾斜（T）/删除（D）/复制（C）/着色（L）/放弃（U）/退 出（X）]＜退出＞：_taper

图 11-55　旋转面

选择面或 [放弃（U）/删除（R）]：**选择 GHJK 表面** 找到 1 个面。

选择面或 [放弃（U）/删除（R）/全部（ALL）]：↙

指定基点：**选择 G 点**

指定沿倾斜轴的另一个点：**选择 H 点**

指定倾斜角度：**30**↙

已开始实体校验。

已完成实体校验。

删除辅助线，结果如图 11-52(b)所示。

🌐 综合实例 2——复制面、着色面

将图 11-56(a)所示的实体模型修改成图 11-56(b)和图 11-56(c)所示的图形。

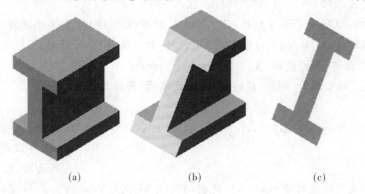

(a)　　　　　　　　(b)　　　　　　　　(c)

图 11-56　着色面、复制面

绘图步骤分解：

1.创建图 11-56(a)所示实体(步骤略)

2.倾斜面

调用旋转面命令，选择实体的工字形端面，以侧边为轴，以 30°角旋转端面，得到倾斜面。

3.着色面

调用着色面命令，可使用下面任一种方法：

- 实体编辑工具栏： 。
- 下拉菜单：［修改］→［实体编辑］→［着色面］。

调用该命令后，AutoCAD 提示：

命令：_solidedit

实体编辑自动检查：SOLIDCHECK＝1

输入实体编辑选项［面(F)/边(E)/体(B)/放弃(U)/退出(X)］＜退出＞：_face

输入面编辑选项［拉伸(E)/移动(M)/旋转(R)/偏移(O)/倾斜(T)/删除(D)/复制(C)/着色(L)/放弃(U)/退出(X)］＜退出＞：_color

选择面或［放弃(U)/删除(R)］：**选择倾斜的端面** 找到 1 个面。

选择面或［放弃(U)/删除(R)/全部(ALL)］：↙

系统弹出"选择颜色"对话框，选择合适的颜色，单击"确定"按钮。

再按 Esc 键，结束命令。

在面着色或体着色的模式下观察图形，结果如图 11-56(b)所示。

4. 复制面

调用复制面命令，可使用下面任一种方法：

- 实体编辑工具栏： 。
- 下拉菜单：［修改］→［实体编辑］→［复制面］。

调用该命令后，AutoCAD 提示：

命令：_solidedit

实体编辑自动检查：SOLIDCHECK＝1

输入实体编辑选项［面(F)/边(E)/体(B)/放弃(U)/退出(X)］＜退出＞：_face

输入面编辑选项［拉伸(E)/移动(M)/旋转(R)/偏移(O)/倾斜(T)/删除(D)/复制(C)/着色(L)/放弃(U)/退出(X)］＜退出＞：_copy

选择面或［放弃(U)/删除(R)］：**选择倾斜端面** 找到 1 个面。

选择面或［放弃(U)/删除(R)/全部(ALL)］：↙

指定基点或位移：**选择左下角点**

指定位移的第二点：**选择目标点**

再按 Esc 键，结束命令。

结果如图 11-56(c)所示。

◉ 综合实例 3——抽壳、复制边、着色边

绘制图 11-57 所示实体。

绘图步骤分解：

1. 创建长方体

新建一个图形，调用长方体命令，绘制长 400 mm、宽 250 mm、高 120 mm 的长方体。

2. 抽壳

以下面任意一种方法调用抽壳命令：

● 实体编辑工具栏：🔲。

● 下拉菜单：[修改]→[实体编辑]→[抽壳]。

调用该命令后，AutoCAD 提示：

命令：_solidedit

实体编辑自动检查：SOLIDCHECK＝1

输入实体编辑选项 [面(F)/边(E)/体(B)/放弃 (U)/退出(X)]＜退出＞：_body

输入体编辑选项 [压印(I)/分割实体(P)/抽壳 (S)/清除(L)/检查(C)/放弃(U)/退出(X)]＜退出 ＞：_shell

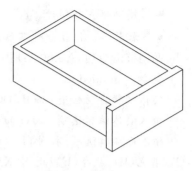

图 11-57　抽屉实体

选择三维实体：**选择长方体**

删除面或 [放弃(U)/添加(A)/全部(ALL)]：**选择长方体上表面** 找到 1 个面，已删除 1 个。

删除面或 [放弃(U)/添加(A)/全部(ALL)]：**选择长方体前表面** 找到 1 个面，已删除 1 个。

删除面或 [放弃(U)/添加(A)/全部(ALL)]：↙

输入抽壳偏移距离：**18**↙

已开始实体校验。

已完成实体校验。

结果如图 11-58 所示。

3. 复制边

以下面任意一种方法调用复制边命令：

● 实体编辑工具栏：🔲。

● 下拉菜单：[修改]→[实体编辑]→[复制边]。

调用该命令后，AutoCAD 提示：

命令：_solidedit

实体编辑自动检查：SOLIDCHECK＝1

输入实体编辑选项 [面(F)/边(E)/体(B)/放弃(U)/退出(X)]＜退出＞：_edge

输入边编辑选项 [复制(C)/着色(L)/放弃(U)/退出(X)]＜退出＞：_copy

选择边或 [放弃(U)/删除(R)]：**选择 AB 边**

选择边或 [放弃(U)/删除(R)]：**选择 AC 边**

选择边或 [放弃(U)/删除(R)]：**选择 CD 边**

选择边或 [放弃(U)/删除(R)]：↙

指定基点或位移：**选择点 A**

指定位移的第二点：**选择目标点**

再按 Esc 键，结束命令。

得到复制的边框线 A_1B_1、A_1C_1、C_1D_1，如图 11-58 所示。

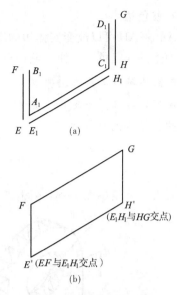

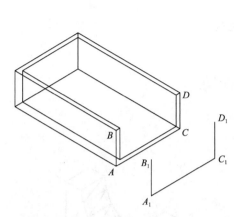

图 11-58 抽壳、复制边

图 11-59 制作抽屉面

4.创建抽屉面板

(1)新建 UCS,将原点置于 A_1 点,A_1C_1 作为 OX 轴方向,A_1B_1 作为 OY 轴方向。

(2)调用偏移命令,将直线 A_1B_1、A_1C_1、C_1D_1 向外偏移动 20,如图 11-59(a)所示,得 EF、$E'H'$、HG,删除直线 A_1B_1、A_1C_1、C_1D_1,再将偏移后的直线编辑成矩形,创建成面域,如图 11-59(b)所示。

(3)调用拉伸命令,给定高度 20,拉伸成长方体。

5.对齐

在图 11-60 中绘制辅助线 BD。

选择下拉菜单[修改]→[三维操作]→[对齐]命令,AutoCAD 提示:

命令:_align

选择对象:**选择面板** 找到 1 个

选择对象:↙

指定第一个源点:**选择 *FG* 中点**

指定第一个目标点:**选择 *BD* 中点**

指定第二个源点:**选择 *E′* 点**

指定第二个目标点:**选择 *A* 点**

指定第三个源点或 <继续>:**选择 *G* 点**

指定第三个目标点:**选择 *D* 点**

结果如图 11-60 所示。

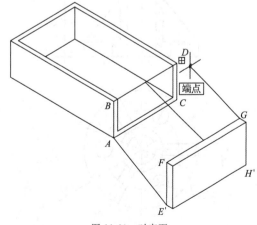

图 11-60 对齐面

6.布尔运算

删除辅助线 BD。

调用并集命令,选择抽壳体和面板,合并成一个实体。

7. 着色边

AutoCAD 可以改变实体边的颜色,这为在线框模式和消隐模式下编辑实体时,区分不同面上的线提供了方便。调用着色边命令的方法有以下两种:

- 实体编辑工具栏:
- 下拉菜单:[修改]→[实体编辑]→[着色边]。

执行结果同着色面。

单元训练

1. 按尺寸绘制图 11-61~图 11-63 所示的图形。

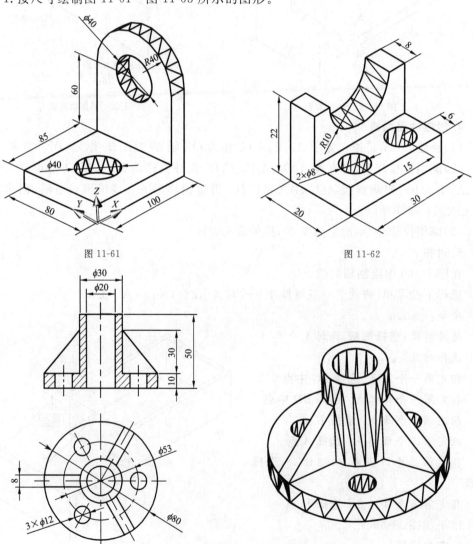

图 11-61

图 11-62

图 11-63

2.绘制图 11-64～图 11-70 所示图形,并进行尺寸标注。

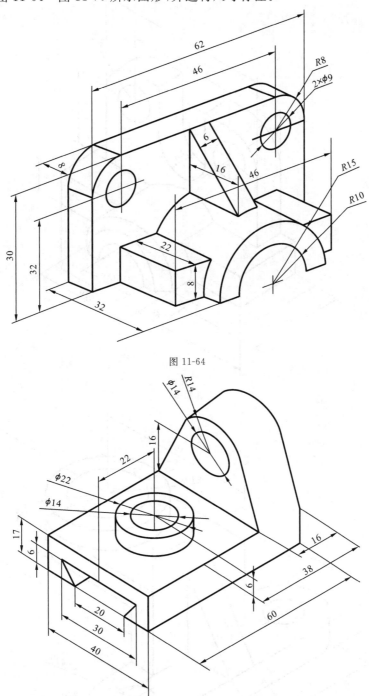

图 11-64

图 11-65

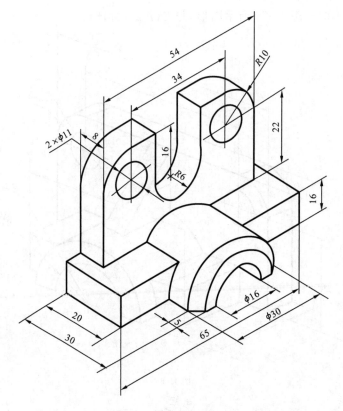

图 11-66

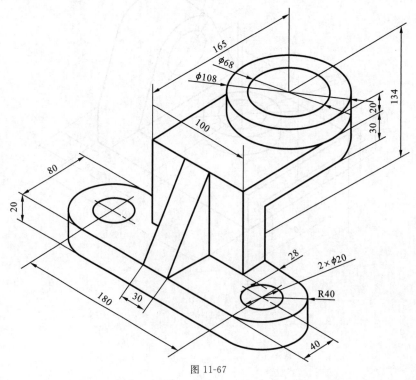

图 11-67

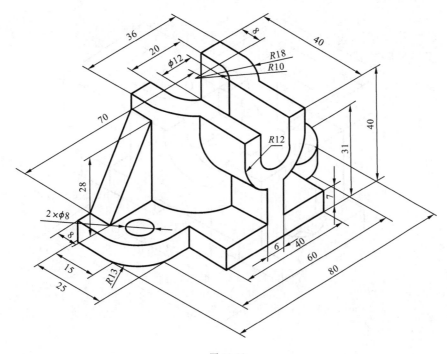

图 11-68

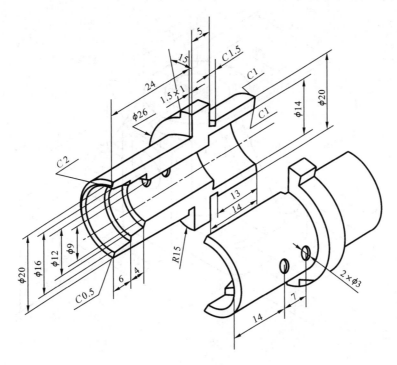

图 11-69

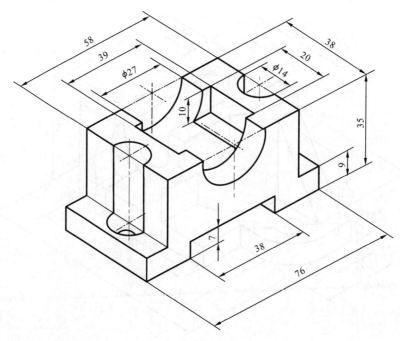

图 11-70

3. 按要求在适当位置绘制图 11-71～图 11-75 所示图形。

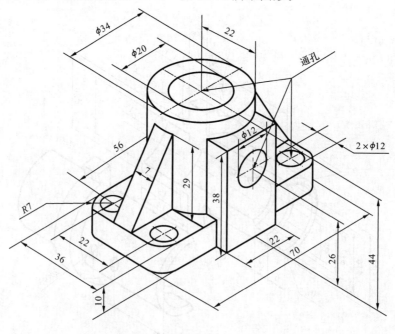

图 11-71

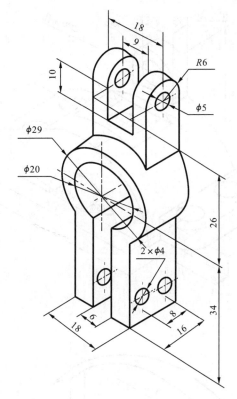

图 11-72

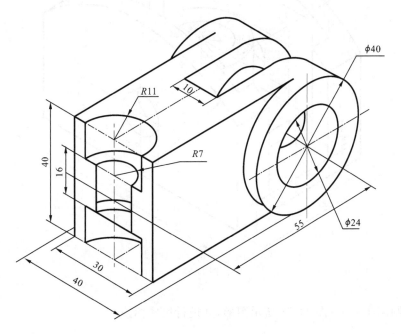

图 11-73

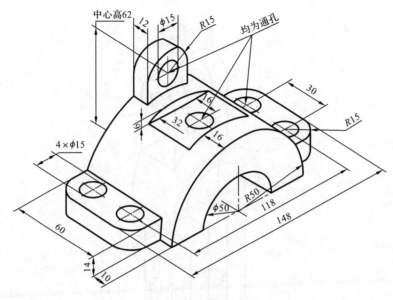

图 11-74

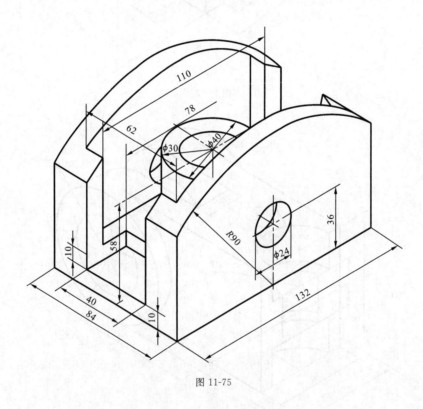

图 11-75

4. 绘制图 11-76～图 11-78 所示图形,并进行尺寸标注。

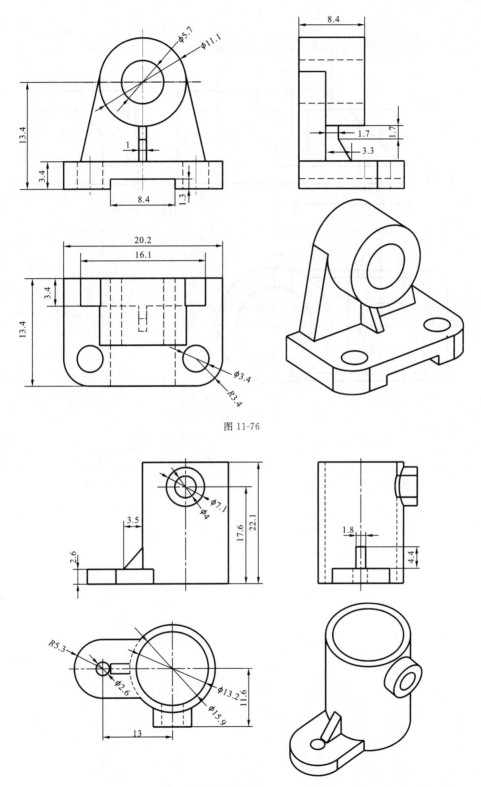

图 11-76

图 11-77

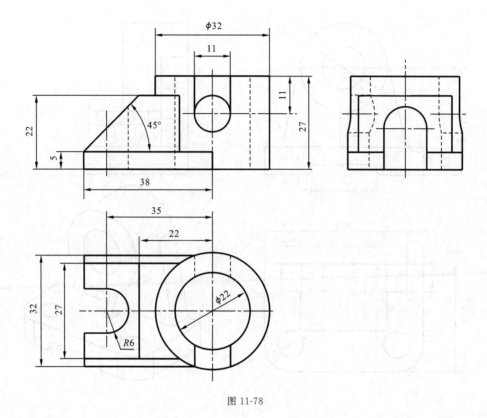

图 11-78

参考文献

[1] 王慧,孙建香.AutoCAD2012 机械制图实例教程[M].北京:人们邮电出版社,2012

[2] 王技德,胡宗政.AutoCAD 机械制图教程[M].大连:大连理工出版社,2014

[3] 杨玉霞,赵军.机械制图 AutoCAD 项目实践教程[M].郑州:黄河水利出版社,2011

[4] 陶元芳.机械 CAD 应用技术[M].北京:机械工业出版社,2012

[5] 陈海军,宋雪梅.AutoCAD2009 机械绘图项目化教程[M].北京:冶金工业出版社,2010

[6] 刘哲,刘宏丽.中文版 AutoCAD2006 实例教程[M].大连:大连理工出版社,2006

[7] 刘玉莹,陈爱荣.AutoCAD2008 项目化实例教程[M].北京:北京理工大学出版社,2011

[8] 焦勇.AutoCAD2007 机械制图入门与实例教程[M].北京:机械工业出版社,2008

[9] 徐建平.精通 AutoCAD2007 中文版[M].北京:清华大学出版社,2006

[10] 史宇宏,陈玉蓉.AutoCAD2007 中文版机械设计[M].北京:人民邮电出版社,2007